普通高等教育公共基础课系列教材

线性代数和概率统计基础

主　编　文华艳　唐定云

副主编　吴明科　郑金梅

参　编　张媛媛

机械工业出版社

本书分为线性代数、概率与统计两个部分，共6章，内容包括行列式、矩阵、向量组与线性方程组的解、概率与分布、随机变量的数字特征、数理统计初步，基本涵盖了工科各专业所需要的相关数学知识.

本书在编写上突出了数学知识的系统性、简洁性、实用性，在表达上力求简明扼要，同时注重概念产生的背景，强调应用数学的意识，旨在培养学生的抽象思维能力、逻辑推理能力、运算能力以及科学建构数学知识体系的能力，并且使学生通过体会问题解决的数学过程，进一步形成解决问题的分析和思考能力，为其他课程的学习打下坚实的数学基础.

本书可作为应用型本科院校、高职高专院校的数学类教材，也可作为一般工程技术人员的参考用书.

为方便教学，本书配备电子课件等教学资源. 凡选用本书作为教材的教师均可登录机械工业出版社教育服务网 www. cmpedu. com 免费下载. 如有问题请致信 cmpgaozhi@ sina. com，或致电 010-88379375 联系营销人员.

图书在版编目（CIP）数据

线性代数和概率统计基础/文华艳，唐定云主编.
—北京：机械工业出版社，2015.2（2026.1重印）
普通高等教育公共基础课系列教材
ISBN 978－7－111－49217－7

Ⅰ.①线… Ⅱ.①文… ②唐… Ⅲ.①线性代数-高等学校-教材 ②概率统计-高等学校-教材 Ⅳ.①O151.2 ②O211

中国版本图书馆 CIP 数据核字（2015）第 011410 号

机械工业出版社（北京市百万庄大街22号 邮政编码100037）
策划编辑：赵志鹏 责任编辑：赵志鹏 刘子峰
版式设计：张文贵 责任校对：刘怡丹
责任印制：刘 媛 封面设计：张 静
北京富资园科技发展有限公司印刷

2026年1月第1版·第10次印刷
184mm×260mm·7.5印张·173千字
标准书号：ISBN 978－7－111－49217－7
定价：26.00元

电话服务
客服电话：010－88361066
010－88379833
010－68326294

网络服务
机 工 官 网：www. cmpbook. com
机 工 官 博：weibo. com/cmp1952
金 书 网：www. golden-book. com
机工教育服务网：www. cmpedu. com

前言

本书是根据应用型本科院校的数学课程教学要求，在多年教学实践的基础上，针对学生专业要求以及学时少的实际情况编写而成. 本书在编写上突出了数学知识的系统性、简洁性、实用性，在表达上力求简明扼要，同时注重概念产生的背景，强调应用数学的意识.

本书内容包括线性代数、概率与统计两个部分，其中线性代数部分以“线性方程组”为中心内容进行展开；概率与统计部分以“随机变量”为中心，讨论了中心极限定理以及回归分析等常见的应用问题，内容基本包括了工科各专业所需要的相关数学知识.

本书的编写旨在培养学生的抽象思维能力、逻辑推理能力、运算能力以及科学建构数学知识体系的能力，并且使学生通过体会问题解决的数学过程，进一步形成解决问题的分析和思考能力，为其他课程的学习打下坚实的数学基础.

本书由西南科技大学城市学院数学教研室组织编写，文华艳、唐定云为主编，吴明科、郑金梅为副主编，参加编写的还有张媛媛.

由于编者水平有限，以及各行业对工科学生提出的要求不尽相同，本书在内容的取舍以及编排上还存在不妥之处，希望广大读者批评指正.

编 者

目 录

第一章　行列式

行列式是由研究线性方程组产生的，它是线性代数中的一个基本工具，在讨论许多问题时都要用到. 本章先介绍二阶行列式，并推广到 n 阶行列式，然后讨论行列式的基本性质及行列式按行（列）展开的计算方法，最后利用克莱姆法则求解线性方程组.

第一节　行列式的定义

对于二元线性方程组

$$\begin{cases} a_{11}x_1 + a_{12}x_2 = b_1 \\ a_{21}x_1 + a_{22}x_2 = b_2 \end{cases}$$

当 $a_{11}a_{22} - a_{12}a_{21} \neq 0$ 时，该方程组的解为

$$x_1 = \frac{b_1a_{22} - b_2a_{12}}{a_{11}a_{22} - a_{12}a_{21}}\ ,\ x_2 = \frac{b_2a_{11} - b_1a_{21}}{a_{11}a_{22} - a_{12}a_{21}}$$

若记算式

$$D = \begin{vmatrix} a & b \\ c & d \end{vmatrix} = ad - bc \tag{1-1}$$

那么上述方程组的解可以简单地表达为

$$x_1 = \frac{\begin{vmatrix} b_1 & a_{12} \\ b_2 & a_{22} \end{vmatrix}}{\begin{vmatrix} a_{11} & a_{12} \\ a_{21} & a_{22} \end{vmatrix}}\ ,\ x_2 = \frac{\begin{vmatrix} a_{11} & b_1 \\ a_{21} & b_2 \end{vmatrix}}{\begin{vmatrix} a_{11} & a_{12} \\ a_{21} & a_{22} \end{vmatrix}}$$

我们称式（1－1）为二阶行列式. 可见引入行列式记号后会在表示方程组的解方面带来便利，下面将行列式的概念推广至 n 阶.

定义 1.1　称算式

$$D = \begin{vmatrix} a_{11} & a_{12} & \cdots & a_{1n} \\ a_{21} & a_{22} & \cdots & a_{2n} \\ \vdots & \vdots & & \vdots \\ a_{n1} & a_{n2} & \cdots & a_{nn} \end{vmatrix}$$

为 n 阶行列式，其运算规则定义为：

（1）当 $n=1$ 时，$D = a_{11}$；

（2）当 $n\geqslant 2$ 时，$D=a_{11}A_{11}+a_{21}A_{21}+\cdots+a_{n1}A_{n1}$. 其中 $A_{ij}=(-1)^{i+j}M_{ij}$，M_{ij}是在 D 中去掉第 i 行以及第 j 列元素后，按照原来的顺序排成的 $n-1$ 阶行列式，即

$$M_{ij}=\begin{vmatrix} a_{11} & \cdots & a_{1,j-1} & a_{1,j+1} & \cdots & a_{1n} \\ \vdots & & \vdots & \vdots & & \vdots \\ a_{i-1,1} & \cdots & a_{i-1,j-1} & a_{i-1,j+1} & \cdots & a_{i-1,n} \\ a_{i+1,1} & \cdots & a_{i+1,j-1} & a_{i+1,j+1} & \cdots & a_{i+1,n} \\ \vdots & & \vdots & \vdots & & \vdots \\ a_{n1} & \cdots & a_{n,j-1} & a_{n,j+1} & \cdots & a_{nn} \end{vmatrix}$$

称 M_{ij}为元素 a_{ij}的余子式，A_{ij}为元素 a_{ij}的代数余子式.

按照上述定义，欲计算一个 n 阶行列式，只需计算一系列 $n-1$ 阶行列式即可.

例 1 计算三阶行列式

$$D=\begin{vmatrix} a_{11} & a_{12} & a_{13} \\ a_{21} & a_{22} & a_{23} \\ a_{31} & a_{32} & a_{33} \end{vmatrix}$$

解 $D=\begin{vmatrix} a_{11} & a_{12} & a_{13} \\ a_{21} & a_{22} & a_{23} \\ a_{31} & a_{32} & a_{33} \end{vmatrix}$

$$=a_{11}(-1)^{1+1}\begin{vmatrix} a_{22} & a_{23} \\ a_{32} & a_{33} \end{vmatrix}+a_{21}(-1)^{2+1}\begin{vmatrix} a_{12} & a_{13} \\ a_{32} & a_{33} \end{vmatrix}+a_{31}(-1)^{3+1}\begin{vmatrix} a_{12} & a_{13} \\ a_{22} & a_{23} \end{vmatrix}$$

$$=a_{11}a_{22}a_{33}-a_{11}a_{23}a_{32}-a_{21}a_{12}a_{33}+a_{21}a_{13}a_{32}+a_{31}a_{12}a_{23}-a_{31}a_{13}a_{22}$$

例 2 证明

$$\begin{vmatrix} a_{11} & a_{12} & \cdots & a_{1n} \\ 0 & a_{22} & \cdots & a_{2n} \\ \vdots & \vdots & & \vdots \\ 0 & 0 & \cdots & a_{nn} \end{vmatrix}=a_{11}a_{22}\cdots a_{nn}$$

证明 用数学归纳法证明. 当 $n=2$ 时，显然成立.

假设当 $n=k$ 时，结论成立，那么当 $n=k+1$ 时，有

$$\begin{vmatrix} a_{11} & a_{12} & \cdots & a_{1,k+1} \\ 0 & a_{22} & \cdots & a_{2,k+1} \\ \vdots & \vdots & & \vdots \\ 0 & 0 & \cdots & a_{k+1,k+1} \end{vmatrix}=a_{11}\begin{vmatrix} a_{22} & a_{23} & \cdots & a_{2,k+1} \\ 0 & a_{33} & \cdots & a_{3,k+1} \\ \vdots & \vdots & & \vdots \\ 0 & 0 & \cdots & a_{k+1,k+1} \end{vmatrix}+0+\cdots+0$$

$$=a_{11}\ (a_{22}a_{33}\cdots a_{k+1,k+1})$$

所以原结论成立.

第二节 行列式的性质

通常用行列式的定义计算行列式是比较烦琐的，下面导出一些行列式的性质，以便简化行列式的计算.

性质1 交换行列式的两行（列），行列式的值改变符号.

以 r_i 表示行列式的第 i 行，以 c_i 表示行列式的第 i 列. 交换 i，j 两行记作 $r_i \leftrightarrow r_j$，交换 i，j 两列记作 $c_i \leftrightarrow c_j$.

推论 如果行列式有两行（列）完全相同，则此行列式为零.

证 设原行列式为 D，把完全相同的两行（列）互换，有 $D=-D$，故 $D=0$.

性质2 行列式的某一行（列）中所有的元素都乘以同一数 k，等于用数 k 乘此行列式.

第 i 行（或列）乘以 k，记作 kr_i（或 kc_i）.

推论 如果行列式有一行（列）全为零，则此行列式为零.

性质3 把行列式的某一列（行）的各元素乘以同一数然后加到另一列（行）上去，行列式的值不变.

例如，以数 k 乘第 j 列加到第 i 列上去（记作 c_i+kc_j），有

$$\begin{vmatrix} a_{11} & \cdots & a_{1i} & \cdots & a_{1j} & \cdots & a_{1n} \\ a_{21} & \cdots & a_{2i} & \cdots & a_{2j} & \cdots & a_{2n} \\ \vdots & & \vdots & & \vdots & & \vdots \\ a_{n1} & \cdots & a_{ni} & \cdots & a_{nj} & \cdots & a_{nn} \end{vmatrix} \xlongequal{c_i+kc_j}$$

$$\begin{vmatrix} a_{11} & \cdots & a_{1i}+ka_{1j} & \cdots & a_{1j} & \cdots & a_{1n} \\ a_{21} & \cdots & a_{2i}+ka_{2j} & \cdots & a_{2j} & \cdots & a_{2n} \\ \vdots & & \vdots & & \vdots & & \vdots \\ a_{n1} & \cdots & a_{ni}+ka_{nj} & \cdots & a_{nj} & \cdots & a_{nn} \end{vmatrix} \quad (i \neq j)$$

同样地，以数 k 乘第 j 行加到第 i 行上，记作 r_i+kr_j.

推论 行列式中如果有两行（列）元素成比例，则此行列式的值等于零.

记

$$D=\begin{vmatrix} a_{11} & a_{12} & \cdots & a_{1n} \\ a_{21} & a_{22} & \cdots & a_{2n} \\ \vdots & \vdots & & \vdots \\ a_{n1} & a_{n2} & \cdots & a_{nn} \end{vmatrix}, \quad D^{\mathrm{T}}=\begin{vmatrix} a_{11} & a_{21} & \cdots & a_{n1} \\ a_{12} & a_{22} & \cdots & a_{n2} \\ \vdots & \vdots & & \vdots \\ a_{1n} & a_{2n} & \cdots & a_{nn} \end{vmatrix}$$

行列式 D^{T} 称为行列式 D 的转置行列式.

性质 4 行列式与它的转置行列式相等.

由此性质可知，行列式中的行与列具有同等的地位，行列式的性质凡是对行成立的对列也同样成立，反之亦然.

性质 5 行列式等于它的任一行（列）的各元素与其对应的代数余子式乘积之和，即

$$D = a_{i1}A_{i1} + a_{i2}A_{i2} + \cdots + a_{in}A_{in} \quad (i = 1, 2, \cdots, n)$$

或

$$D = a_{1j}A_{1j} + a_{2j}A_{2j} + \cdots + a_{nj}A_{nj} \quad (j = 1, 2, \cdots, n)$$

推论 行列式任一行（列）的元素与另一行（列）的对应元素的代数余子式乘积之和等于零，即

$$a_{i1}A_{j1} + a_{i2}A_{j2} + \cdots + a_{in}A_{jn} = 0 \quad (i \neq j)$$

或

$$a_{1i}A_{1j} + a_{2i}A_{2j} + \cdots + a_{ni}A_{nj} = 0 \quad (i \neq j)$$

上述性质的证明均可按照数学归纳法证明，在此从略.

例 3 计算

$$D = \begin{vmatrix} 3 & 1 & -1 & 2 \\ -5 & 1 & 3 & -4 \\ 2 & 0 & 1 & -1 \\ 1 & -5 & 3 & -3 \end{vmatrix}$$

解法一：

$$D \xlongequal{c_1 \leftrightarrow c_2} -\begin{vmatrix} 1 & 3 & -1 & 2 \\ 1 & -5 & 3 & -4 \\ 0 & 2 & 1 & -1 \\ -5 & 1 & 3 & -3 \end{vmatrix} \xlongequal[r_4 + 5r_1]{r_2 - r_1} -\begin{vmatrix} 1 & 3 & -1 & 2 \\ 0 & -8 & 4 & -6 \\ 0 & 2 & 1 & -1 \\ 0 & 16 & -2 & 7 \end{vmatrix}$$

$$\xlongequal{r_2 \leftrightarrow r_3} \begin{vmatrix} 1 & 3 & -1 & 2 \\ 0 & 2 & 1 & -1 \\ 0 & -8 & 4 & -6 \\ 0 & 16 & -2 & 7 \end{vmatrix} \xlongequal[r_4 - 8r_2]{r_3 + 4r_2} \begin{vmatrix} 1 & 3 & -1 & 2 \\ 0 & 2 & 1 & -1 \\ 0 & 0 & 8 & -10 \\ 0 & 0 & -10 & 15 \end{vmatrix}$$

$$\xlongequal{r_4 + \frac{5}{4}r_3} \begin{vmatrix} 1 & 3 & -1 & 2 \\ 0 & 2 & 1 & -1 \\ 0 & 0 & 8 & -10 \\ 0 & 0 & 0 & \frac{5}{2} \end{vmatrix} = 40$$

解法二： 保留 a_{33}，把第 3 行其余元素变为 0，然后按第 3 行展开：

$$D \xlongequal[c_4 + c_3]{c_1 - 2c_2} \begin{vmatrix} 5 & 1 & -1 & 1 \\ -11 & 1 & 3 & -1 \\ 0 & 0 & 1 & 0 \\ -5 & -5 & 3 & 0 \end{vmatrix}$$

$$=(-1)^{3+3}\begin{vmatrix}5&1&1\\-11&1&-1\\-5&-5&0\end{vmatrix}\xlongequal{r_2+r_1}\begin{vmatrix}5&1&1\\-6&2&0\\-5&-5&0\end{vmatrix}$$

$$=(-1)^{1+3}\begin{vmatrix}-6&2\\-5&-5\end{vmatrix}\xlongequal{c_1-c_2}\begin{vmatrix}-8&2\\0&-5\end{vmatrix}=40$$

例 4 计算

$$D=\begin{vmatrix}3&1&1&1\\1&3&1&1\\1&1&3&1\\1&1&1&3\end{vmatrix}$$

解 这个行列式的特点是各列 4 个数之和都是 6. 今把第 2、3、4 行同时加到第 1 行，提出公因子 6，然后各行减去第 1 行：

$$D\xlongequal{r_1+r_2+r_3+r_4}\begin{vmatrix}6&6&6&6\\1&3&1&1\\1&1&3&1\\1&1&1&3\end{vmatrix}=6\begin{vmatrix}1&1&1&1\\1&3&1&1\\1&1&3&1\\1&1&1&3\end{vmatrix}\xlongequal[r_4-r_1]{\substack{r_2-r_1\\r_3-r_1}}6\begin{vmatrix}1&1&1&1\\0&2&0&0\\0&0&2&0\\0&0&0&2\end{vmatrix}=48$$

例 5 计算

$$D=\begin{vmatrix}a&b&c&d\\a&a+b&a+b+c&a+b+c+d\\a&2a+b&3a+2b+c&4a+3b+2c+d\\a&3a+b&6a+3b+c&10a+6b+3c+d\end{vmatrix}$$

解 从第 4 行开始，后行减前行：

$$D\xlongequal{\substack{r_4-r_3\\r_3-r_2\\r_2-r_1}}\begin{vmatrix}a&b&c&d\\0&a&a+b&a+b+c\\0&a&2a+b&3a+2b+c\\0&a&3a+b&6a+3b+c\end{vmatrix}$$

$$\xlongequal{\substack{r_4-r_3\\r_3-r_2}}\begin{vmatrix}a&b&c&d\\0&a&a+b&a+b+c\\0&0&a&2a+b\\0&0&a&3a+b\end{vmatrix}$$

$$\xlongequal{r_4-r_3}\begin{vmatrix}a&b&c&d\\0&a&a+b&a+b+c\\0&0&a&2a+b\\0&0&0&a\end{vmatrix}=a^4$$

第三节 克莱姆法则

含有 n 个未知数 x_1，x_2，…，x_n 的 n 个线性方程的方程组

$$\begin{cases} a_{11}x_1+a_{12}x_2+\cdots+a_{1n}x_n=b_1 \\ a_{21}x_1+a_{22}x_2+\cdots+a_{2n}x_n=b_2 \\ \qquad\vdots \\ a_{n1}x_1+a_{n2}x_2+\cdots+a_{nn}x_n=b_n \end{cases} \tag{1-2}$$

与二、三元线性方程组相类似，它的解可以用 n 阶行列式表示，即有：

定理 1.1 （克莱姆法则）如果线性方程组（1－2）的系数行列式不等于零，即

$$D=\begin{vmatrix} a_{11} & \cdots & a_{1n} \\ \vdots & & \vdots \\ a_{n1} & \cdots & a_{nn} \end{vmatrix}\neq 0$$

那么，方程组（1－2）有唯一解

$$x_1=\frac{D_1}{D},\ x_2=\frac{D_2}{D},\ \cdots,\ x_n=\frac{D_n}{D} \tag{1-3}$$

其中 D_j（$j=1$，2，…，n）是把系数行列式 D 中第 j 列的元素用方程组右端的自由项代替后所得到的 n 阶行列式，即

$$D_j=\begin{vmatrix} a_{11} & \cdots & a_{1,j-1} & b_1 & a_{1,j+1} & \cdots & a_{1n} \\ \vdots & & \vdots & \vdots & \vdots & & \vdots \\ a_{n1} & \cdots & a_{n,j-1} & b_n & a_{n,j+1} & \cdots & a_{nn} \end{vmatrix}$$

证 用 D 中第 j 列元素的代数余子式 A_{1j}，A_{2j}，…，A_{nj} 依次乘方程组（1－2）的 n 个方程，再把它们相加，得

$$\left(\sum_{k=1}^{n}a_{k1}A_{kj}\right)x_1+\cdots+\left(\sum_{k=1}^{n}a_{kj}A_{kj}\right)x_j+\cdots+\left(\sum_{k=1}^{n}a_{kn}A_{kj}\right)x_n=\sum_{k=1}^{n}b_kA_{kj}$$

根据代数余子式的重要性质可知，上式中 x_j 的系数等于 D，而其余 x_i（$i\neq j$）的系数均为 0；又因为等式右端即是 D_j，于是有

$$Dx_j=D_j \quad (j=1,\ 2,\ \cdots,\ n) \tag{1-4}$$

当 $D\neq 0$ 时，方程组（1－4）有唯一的解（1－3）.

由于方程组（1－4）是由方程组（1－2）经乘数与相加两种运算而得，故（1－2）的解一定是（1－4）的解. 而（1－4）仅有一个解（1－3），故方程组（1－2）如果有解，就只能是（1－3）.

为证明（1－3）是方程组（1－2）的唯一解，还需验证解（1－3）确是方程组（1－2）的解，也就是要证明

$$a_{i1}\frac{D_1}{D}+a_{i2}\frac{D_2}{D}+\cdots+a_{in}\frac{D_n}{D}=b_i \quad (i=1,\ 2,\ \cdots,\ n)$$

为此，考虑有两行相同的 $n+1$ 阶行列式

$$\begin{vmatrix} b_i & a_{i1} & \cdots & a_{in} \\ b_1 & a_{11} & \cdots & a_{1n} \\ \vdots & \vdots & & \vdots \\ b_n & a_{n1} & \cdots & a_{nn} \end{vmatrix} \quad (i=1,\ 2,\ \cdots,\ n)$$

它的值为0. 把它按第1行展开，由于第1行中 a_{ij}的代数余子式为

$$(-1)^{1+j+1}\begin{vmatrix} b_1 & a_{11} & \cdots & a_{1,j-1} & a_{1,j+1} & \cdots & a_{1n} \\ \vdots & \vdots & & \vdots & \vdots & & \vdots \\ b_n & a_{n1} & \cdots & a_{n,j-1} & a_{n,j+1} & \cdots & a_{nn} \end{vmatrix}$$

$$=(-1)^{j+2}(-1)^{j-1}D_i=-D_j$$

所以有 $0=b_iD-a_{i1}D_1-\cdots-a_{in}D_n$，即

$$a_{i1}\frac{D_1}{D}+a_{i2}\frac{D_2}{D}+\cdots+a_{in}\frac{D_n}{D}=b_i \quad (i=1,\ 2,\ \cdots,\ n)$$

例6　解线性方程组

$$\begin{cases} 2x_1+x_2-5x_3+x_4=8 \\ x_1-3x_2-6x_4=9 \\ 2x_2-x_3+2x_4=-5 \\ x_1+4x_2-7x_3+6x_4=0 \end{cases}$$

解　$D=\begin{vmatrix} 2 & 1 & -5 & 1 \\ 1 & -3 & 0 & -6 \\ 0 & 2 & -1 & 2 \\ 1 & 4 & -7 & 6 \end{vmatrix} \xlongequal[r_4-r_2]{r_1-2r_2} \begin{vmatrix} 0 & 7 & -5 & 13 \\ 1 & -3 & 0 & -6 \\ 0 & 2 & -1 & 2 \\ 0 & 7 & -7 & 12 \end{vmatrix}$

$$=-\begin{vmatrix} 7 & -5 & 13 \\ 2 & -1 & 2 \\ 7 & -7 & 12 \end{vmatrix} \xlongequal[c_3+2c_2]{c_1+2c_2} -\begin{vmatrix} -3 & -5 & 3 \\ 0 & -1 & 0 \\ -7 & -7 & -2 \end{vmatrix} = \begin{vmatrix} -3 & 3 \\ -7 & -2 \end{vmatrix} = 27$$

$$D_1=\begin{vmatrix} 8 & 1 & -5 & 1 \\ 9 & -3 & 0 & -6 \\ -5 & 2 & -1 & 2 \\ 0 & 4 & -7 & 6 \end{vmatrix}=81,\ D_2=\begin{vmatrix} 2 & 8 & -5 & 1 \\ 1 & 9 & 0 & -6 \\ 0 & -5 & -1 & 2 \\ 1 & 0 & -7 & 6 \end{vmatrix}=-108$$

$$D_3=\begin{vmatrix} 2 & 1 & 8 & 1 \\ 1 & -3 & 9 & -6 \\ 0 & 2 & -5 & 2 \\ 1 & 4 & 0 & 6 \end{vmatrix}=-27,\ D_4=\begin{vmatrix} 2 & 1 & -5 & 8 \\ 1 & -3 & 0 & 9 \\ 0 & 2 & -1 & -5 \\ 1 & 4 & -7 & 0 \end{vmatrix}=27$$

于是得

$$x_1=3,\ x_2=-4,\ x_3=-1,\ x_4=1$$

克莱姆法则有重大的理论价值，撇开求解公式（1－3），克莱姆法则可叙述为下面的重要定理.

定理 1.2　如果线性方程组(1－2)的系数行列式 $D\neq 0$，则它一定有解，且解是唯一的.

推论　如果线性方程组（1－2）无解或有两个不同的解，则它的系数行列式必为零.

线性方程组（1－2）右端的自由项 b_1，b_2，…，b_n 不全为零时，叫作非齐次线性方程组；当 b_1，b_2，…，b_n 全为零时，叫作齐次线性方程组.

对于齐次线性方程组

$$\begin{cases} a_{11}x_1+a_{12}x_2+\cdots+a_{1n}x_n=0 \\ a_{21}x_1+a_{22}x_2+\cdots+a_{2n}x_n=0 \\ \qquad\vdots \\ a_{n1}x_1+a_{n2}x_2+\cdots+a_{nn}x_n=0 \end{cases} \tag{1-5}$$

$x_1=x_2=\cdots=x_n=0$ 一定是它的解，这个解叫作该齐次线性方程组的零解. 如果一组不全为零的数是齐次线性方程组（1－5）的解，则它叫作该齐次线性方程组的非零解. 齐次线性方程组（1－5）一定有零解，但不一定有非零解.

定理 1.3　如果齐次线性方程组（1－5）的系数行列式 $D\neq 0$，则它没有非零解.

推论　如果齐次线性方程组（1－5）有非零解，则它的系数行列式必为零.

定理 1.3 说明系数行列式 $D=0$ 是齐次线性方程组有非零解的必要条件. 在第三章中我们还将证明这个条件也是充分的.

习题一

1. 计算下列各行列式

(1) $\begin{vmatrix} 4 & 1 & 2 & 4 \\ 1 & 2 & 0 & 2 \\ 10 & 5 & 2 & 0 \\ 0 & 1 & 1 & 7 \end{vmatrix}$　　(2) $\begin{vmatrix} 2 & 1 & 4 & 1 \\ 3 & -3 & 2 & 1 \\ 1 & 2 & 3 & 2 \\ 5 & 0 & 6 & 2 \end{vmatrix}$

(3) $\begin{vmatrix} -ab & ac & ae \\ bd & -cd & de \\ bf & cf & -ef \end{vmatrix}$　　(4) $\begin{vmatrix} a & 1 & 0 & 0 \\ -1 & b & 1 & 0 \\ 0 & -1 & c & 0 \\ 0 & 0 & -1 & d \end{vmatrix}$

2. 证明下列各等式.

(1) $\begin{vmatrix} a^2 & ab & b^2 \\ 2a & a+b & 2b \\ 1 & 1 & 1 \end{vmatrix}=(a-b)^3$

(2) $\begin{vmatrix} ax+by & ay+bz & az+bx \\ ay+bz & az+bx & ax+by \\ az+bx & ax+by & ay+bz \end{vmatrix} = (a^3+b^3)\begin{vmatrix} x & y & z \\ y & z & x \\ z & x & y \end{vmatrix}$

(3) $\begin{vmatrix} a^2 & (a+1)^2 & (a+2)^2 & (a+3)^2 \\ b^2 & (b+1)^2 & (b+2)^2 & (b+3)^2 \\ c^2 & (c+1)^2 & (c+2)^2 & (c+3)^2 \\ z^2 & (z+1)^2 & (z+2)^2 & (z+3)^2 \end{vmatrix} = 0$

(4) $\begin{vmatrix} 1 & 1 & 1 & 1 \\ a & b & c & d \\ a^2 & b^2 & c^2 & d^2 \\ a^4 & b^4 & c^4 & d^4 \end{vmatrix} = (a-b)(a-c)(a-d)(b-c)(b-d)(c-d)(a+b+c+d)$

3. λ，μ 取何值时，齐次线性方程组

$$\begin{cases} \lambda x_1 + x_2 + x_3 = 0 \\ x_1 + \mu x_2 + x_3 = 0 \\ \lambda x_1 + 2\mu x_2 + x_3 = 0 \end{cases}$$

有非零解？

4. λ 取何值时，齐次线性方程组

$$\begin{cases} (1-\lambda)\ x_1 - 2x_2 + 4x_3 = 0 \\ 2x_1 + (3-\lambda)x_2 + x_3 = 0 \\ x_1 + x_2 + (1-\lambda)x_3 = 0 \end{cases}$$

有非零解？

第二章　矩阵

矩阵是线性代数的主要研究对象之一，它在数学和其他自然科学、工程技术和经济领域中都有着广泛的应用. 本章将介绍矩阵的定义及运算、矩阵的初等变换、求方阵的逆以及矩阵的秩.

第一节　矩阵的定义

一、矩阵的基本概念

定义 2.1　由 $m \times n$ 个数 a_{ij}（$i=1, 2, \cdots, m$; $j=1, 2, \cdots, n$）排成的 m 行 n 列的数表（常用括弧将数表括起）

$$A=\begin{pmatrix} a_{11} & a_{12} & \cdots & a_{1n} \\ a_{21} & a_{22} & \cdots & a_{2n} \\ \vdots & \vdots & & \vdots \\ a_{m1} & a_{m2} & \cdots & a_{mn} \end{pmatrix}$$

称为 m 行 n 列矩阵，简称 $m \times n$ 矩阵，其中 a_{ij} 叫作矩阵 $\boldsymbol{A}$ 的元素，i 为行标，j 为列标，表明 a_{ij} 位于矩阵 $\boldsymbol{A}$ 的第 i 行第 j 列. 为简单起见，记 $m \times n$ 矩阵 $\boldsymbol{A}$ 为 $(a_{ij})_{m\times n}$ 或 $\boldsymbol{A}_{m\times n}$，也可简记为 $\boldsymbol{A}=(a_{ij})$.

特别地，当 $m=n$ 时，则称矩阵 $\boldsymbol{A}$ 为 n 阶矩阵或 n 阶方阵，记为 $\boldsymbol{A}_n$.

对于 $m \times n$ 矩阵 $\boldsymbol{A}$，当 $m=1$ 时，有 $\boldsymbol{A}=(a_1\ a_2 \cdots\ a_n)$. 称为行矩阵，或行向量. 为避免元素间的混淆，行矩阵也可写为 $\boldsymbol{A}=(a_1, a_2, \cdots, a_n)$.

当 $n=1$ 时，有 $\boldsymbol{A}=\begin{pmatrix} a_1 \\ a_2 \\ \vdots \\ a_m \end{pmatrix}$，称为列矩阵，或列向量.

当 $m=n=1$ 时，有 $\boldsymbol{A}=(a_1)=a_1$. 这里把矩阵 $\boldsymbol{A}$ 看成是数.

两个矩阵的行数相等、列数也相等时，就称它们是同型矩阵. 所有元素均为零的矩阵，称为零矩阵，记作 $\boldsymbol{O}$. 注意不同型的零矩阵是不同的.

定义 2.2　如果 $\boldsymbol{A}=(a_{ij})$ 与 $\boldsymbol{B}=(b_{ij})$ 是同型矩阵，且它们的对应元素均相等，即

$a_{ij}=b_{ij}$ ($i=1, 2, \cdots, m$; $j=1, 2, \cdots, n$)，则称矩阵 $\boldsymbol{A}$ 与矩阵 $\boldsymbol{B}$ 相等，记作 $\boldsymbol{A}=\boldsymbol{B}$.

下面举几个关于矩阵应用的例子.

例1 3 个产地与 4 个销地之间的里程（单位：千米）可列为矩阵

$$\boldsymbol{A}=\begin{pmatrix}120 & 180 & 75 & 85\\ 75 & 125 & 35 & 45\\ 130 & 190 & 85 & 100\end{pmatrix}$$

其中 a_{ij} 为产地 i 到销地 j 的里程数.

例2 4 个城市间的单向航线如图 2-1 所示.

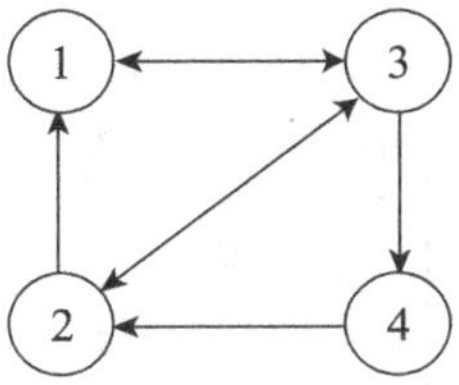

图 2-1

若令

$$a_{ij}=\begin{cases}1 & 第\ i\ 城能直接通往第\ j\ 城\\ 0 & 第\ i\ 城不能直接通往第\ j\ 城\end{cases}$$

则图 2-1 可用矩阵表示为

$$\boldsymbol{A}=(a_{ij})=\begin{pmatrix}0 & 0 & 1 & 0\\ 1 & 0 & 1 & 0\\ 1 & 1 & 0 & 1\\ 0 & 1 & 0 & 0\end{pmatrix}$$

一般地，若干个点之间的单向通道都可用这样的矩阵表示.

例3 n 个变量 $x_1, x_2, \cdots, x_n$ 与 m 个变量 $y_1, y_2, \cdots, y_m$ 之间的关系式

$$\begin{cases}y_1=a_{11}x_1+a_{12}x_2+\cdots+a_{1n}x_n\\ y_2=a_{21}x_1+a_{22}x_2+\cdots+a_{2n}x_n\\ \qquad\vdots\\ y_m=a_{m1}x_1+a_{m2}x_2+\cdots+a_{mn}x_n\end{cases} \tag{2-1}$$

表示一个从变量 $x_1, x_2, \cdots, x_n$ 到变量 $y_1, y_2, \cdots, y_m$ 的线性变换，其中 a_{ij} 为常数. 线性变换 (2-1) 的系数 a_{ij} 构成矩阵 $\boldsymbol{A}=(a_{ij})_{m\times n}$.

给定了线性变换 (2-1)，它的系数所构成的矩阵（称为系数矩阵）也就确定了. 反之，如果给出一个矩阵作为线性变换的系数矩阵，则线性变换也就确定了. 在这个意义

上，线性变换和矩阵之间存在着一一对应的关系.

二、几类特殊的矩阵

1. 对角矩阵

n 阶方阵 $\boldsymbol{A}$ 的元素 a_{11}，a_{22}，…，a_{nn}称为 $\boldsymbol{A}$ 的主对角元素.

例如，矩阵 $\boldsymbol{A}=\begin{pmatrix}3 & 4\\ 9 & 1\end{pmatrix}$的主对角元素为 3 和 1.

定义 2.3 若 n 阶方阵 $\boldsymbol{A}=(a_{ij})$ 中的元素满足条件

$$a_{ij}=0 \quad (i\neq j,\ i,\ j=1,\ 2,\ \cdots,\ n)$$

则称 $\boldsymbol{A}$ 为 n 阶对角矩阵，即

$$\boldsymbol{A}=\begin{pmatrix}a_{11} & & & \\ & a_{22} & & \\ & & \ddots & \\ & & & a_{nn}\end{pmatrix}$$

此记法表示对角线以外未标明的元素均为 0，简记为 $\boldsymbol{A}=\mathrm{diag}\ (a_{11},\ a_{22},\ \cdots,\ a_{nn})$.

例如，$\boldsymbol{A}=\begin{pmatrix}1 & 0 & 0\\ 0 & 3 & 0\\ 0 & 0 & 5\end{pmatrix}$为对角矩阵.

特别地，当 $a_{ii}=a\ (i=1,\ 2,\ \cdots,\ n)$，则称对角矩阵 $\boldsymbol{A}$ 为 n 阶数量矩阵，即

$$\boldsymbol{A}=\begin{pmatrix}a & & & \\ & a & & \\ & & \ddots & \\ & & & a\end{pmatrix}$$

例如，$\boldsymbol{A}=\begin{pmatrix}3 & 0 & 0\\ 0 & 3 & 0\\ 0 & 0 & 3\end{pmatrix}$为数量矩阵.

又当 $a=1$ 时，称 $\boldsymbol{A}$ 为 n 阶单位矩阵，记作 $\boldsymbol{E}_n$，简记为 $\boldsymbol{E}$，即

$$\boldsymbol{E}_n=\begin{pmatrix}1 & & & \\ & 1 & & \\ & & \ddots & \\ & & & 1\end{pmatrix}.$$

例如，线性变换$\begin{cases}y_1=x_1\\ y_2=x_2\\ \quad\vdots\\ y_n=x_n\end{cases}$叫作恒等变换，它对应的系数矩阵就是一个 n 阶单位矩阵.

2. 三角形矩阵

定义 2.4　若 n 阶方阵 $\boldsymbol{A}=(a_{ij})$ 中的元素满足条件

$$a_{ij}=0 \quad (i>j,\ i,\ j=1,\ 2,\ \cdots,\ n)$$

则称 $\boldsymbol{A}$ 为 n 阶上三角矩阵，即

$$\boldsymbol{A}=\begin{pmatrix} a_{11} & a_{12} & \cdots & a_{1n} \\ 0 & a_{22} & \cdots & a_{2n} \\ \vdots & \vdots & \ddots & \vdots \\ 0 & 0 & \cdots & a_{nn} \end{pmatrix}$$

类似地，若 n 阶方阵 $\boldsymbol{B}=(b_{ij})$ 中的元素满足条件

$$b_{ij}=0 \quad (i<j,\ i,\ j=1,\ 2,\ \cdots,\ n)$$

则称 $\boldsymbol{B}$ 为 n 阶下三角矩阵，即

$$\boldsymbol{B}=\begin{pmatrix} b_{11} & 0 & \cdots & 0 \\ b_{21} & b_{22} & \cdots & 0 \\ \vdots & \vdots & \ddots & \vdots \\ b_{n1} & b_{n2} & \cdots & b_{nn} \end{pmatrix}$$

例如，$\boldsymbol{A}=\begin{pmatrix} 1 & 2 & 3 \\ 0 & 4 & 5 \\ 0 & 0 & 6 \end{pmatrix}$为上三角矩阵，$\boldsymbol{B}=\begin{pmatrix} 1 & 0 & 0 \\ 2 & 3 & 0 \\ 4 & 5 & 6 \end{pmatrix}$为下三角矩阵.

3. 对称矩阵

定义 2.5　若 n 阶方阵 $\boldsymbol{A}=(a_{ij})$ 中的元素满足

$$a_{ij}=a_{ji} \quad (i,\ j=1,\ 2,\ \cdots,\ n)$$

则称 $\boldsymbol{A}$ 为对称矩阵.

例如，$\boldsymbol{A}=\begin{pmatrix} \frac{1}{2} & 0 & \frac{1}{5} \\ 0 & 3 & 1 \\ \frac{1}{5} & 1 & 2 \end{pmatrix}$为对称矩阵.

4. 阶梯形矩阵

定义 2.6　若矩阵 $\boldsymbol{A}=(a_{ij})$ 满足：

(1) 若 $\boldsymbol{A}$ 有零行（元素全为零的行），全部在矩阵的下方；

(2) 各非零行的第一个不为零的元素（称为首非零元）的列标随行标的增大而严格增大，

则称矩阵 $\boldsymbol{A}$ 为行阶梯形矩阵.

例如，矩阵 $\boldsymbol{A}=\begin{pmatrix} 1 & 1 & -2 & 1 & 4 \\ 0 & 2 & -1 & 1 & 0 \\ 0 & 0 & 0 & 3 & -3 \\ 0 & 0 & 0 & 0 & 0 \end{pmatrix}$为行阶梯形矩阵，而矩阵 $\boldsymbol{B}=\begin{pmatrix} 1 & 1 & -2 & 1 \\ 0 & 1 & -1 & 1 \\ 0 & 2 & 1 & -3 \end{pmatrix}$不

是行阶梯形矩阵.

进一步，若行阶梯形矩阵满足：

（1）行首非零元等于1；

（2）所有首非零元所在列的其余元素全为零，

则称$\boldsymbol{A}$为行最简形矩阵.

例如，矩阵$\boldsymbol{A}_1=\begin{pmatrix}1&0&-1&0&4\\0&1&-1&0&3\\0&0&0&1&-3\\0&0&0&0&0\end{pmatrix}$为行最简形矩阵，而矩阵$\boldsymbol{A}_2=\begin{pmatrix}1&1&-1&0&4\\0&1&-1&0&3\\0&0&0&1&-3\\0&0&0&0&0\end{pmatrix}$不是行最简形矩阵.

第二节 矩阵的运算

一、矩阵的加法与数乘矩阵

定义 2.7 两个$m\times n$矩阵$\boldsymbol{A}=(a_{ij})$和$\boldsymbol{B}=(b_{ij})$对应位置元素相加得到的矩阵，称为矩阵$\boldsymbol{A}$与$\boldsymbol{B}$的和，记作$\boldsymbol{A}+\boldsymbol{B}$，即

$$\boldsymbol{A}+\boldsymbol{B}=(a_{ij})_{m\times n}+(b_{ij})_{m\times n}=(a_{ij}+b_{ij})_{m\times n}$$

注意，只有当两个矩阵是同型矩阵时，才能进行加法运算.

例 4 两种物资（单位：吨）同时从3个产地运往4个销地，其调运方案分别为矩阵$\boldsymbol{A}$和矩阵$\boldsymbol{B}$：

$$\boldsymbol{A}=\begin{pmatrix}2&0&3&4\\5&3&2&7\\2&1&0&3\end{pmatrix},\ \boldsymbol{B}=\begin{pmatrix}3&1&2&0\\4&0&8&6\\1&2&5&7\end{pmatrix}$$

则从各产地运往各销地的物资总调运量（单位：吨）为

$$\begin{aligned}\boldsymbol{A}+\boldsymbol{B}&=\begin{pmatrix}2&0&3&4\\5&3&2&7\\2&1&0&3\end{pmatrix}+\begin{pmatrix}3&1&2&0\\4&0&8&6\\1&2&5&7\end{pmatrix}\\&=\begin{pmatrix}2+3&0+1&3+2&4+0\\5+4&3+0&2+8&7+6\\2+1&1+2&0+5&3+7\end{pmatrix}=\begin{pmatrix}5&1&5&4\\9&3&10&13\\3&3&5&10\end{pmatrix}\end{aligned}$$

定义 2.8 以数λ乘$m\times n$矩阵$\boldsymbol{A}=(a_{ij})$的每一个元素得到的矩阵，称为数λ与矩阵$\boldsymbol{A}$的积，记作$\lambda\boldsymbol{A}$，即

$$\lambda\boldsymbol{A}=\lambda\ (a_{ij})_{m\times n}=(\lambda a_{ij})_{m\times n}$$

若取 $\lambda=-1$，则有 $-\boldsymbol{A}=(-a_{ij})_{m\times n}$. 称 $-\boldsymbol{A}$ 为矩阵 $\boldsymbol{A}$ 的负矩阵. 显然有

$$\boldsymbol{A}+(-\boldsymbol{A})=\boldsymbol{O}$$

由此规定矩阵的减法为

$$\boldsymbol{A}-\boldsymbol{B}=\boldsymbol{A}+(-\boldsymbol{B})$$

即若 $\boldsymbol{A}=(a_{ij})_{m\times n}$，$\boldsymbol{B}=(b_{ij})_{m\times n}$，则

$$\boldsymbol{A}-\boldsymbol{B}=\boldsymbol{A}+(-\boldsymbol{B})=(a_{ij})_{m\times n}+(-b_{ij})_{m\times n}=(a_{ij}-b_{ij})_{m\times n}$$

例 5　设 3 个产地与 4 个销地之间的里程（单位：千米）为例 1 中的矩阵 $\boldsymbol{A}$. 已知货物每吨公里的运费为 1.50 元，则各产地与各销地之间每吨货物的运费（单位：元/吨）可以记为矩阵形式：

$$1.5\boldsymbol{A}=1.5\times\begin{pmatrix}120&180&75&85\\75&125&35&45\\130&190&85&100\end{pmatrix}=\begin{pmatrix}1.5\times120&1.5\times180&1.5\times75&1.5\times85\\1.5\times75&1.5\times125&1.5\times35&1.5\times45\\1.5\times130&1.5\times190&1.5\times85&1.5\times100\end{pmatrix}$$

$$=\begin{pmatrix}180&270&112.5&127.5\\112.5&187.5&52.5&67.5\\195&285&127.5&150\end{pmatrix}$$

矩阵相加与数乘矩阵的运算，统称为矩阵的线性运算. 矩阵的线性运算满足下面的运算律：

设 $\boldsymbol{A}$，$\boldsymbol{B}$，$\boldsymbol{C}$，$\boldsymbol{O}$ 都是 $m\times n$ 矩阵，λ，μ 是数，则

(1) $\boldsymbol{A}+\boldsymbol{B}=\boldsymbol{B}+\boldsymbol{A}$；

(2) $(\boldsymbol{A}+\boldsymbol{B})+\boldsymbol{C}=\boldsymbol{A}+(\boldsymbol{B}+\boldsymbol{C})$；

(3) $\lambda(\boldsymbol{A}+\boldsymbol{B})=\lambda\boldsymbol{A}+\lambda\boldsymbol{B}$；

(4) $(\lambda+\mu)\boldsymbol{A}=\lambda\boldsymbol{A}+\mu\boldsymbol{A}$；

(5) $(\lambda\mu)\boldsymbol{A}=\lambda(\mu\boldsymbol{A})$.

例 6　已知

$$\boldsymbol{A}=\begin{pmatrix}-1&2&3&1\\0&3&-2&1\\4&0&3&2\end{pmatrix},\quad \boldsymbol{B}=\begin{pmatrix}3&-1&2&0\\1&5&7&9\\2&3&-1&6\end{pmatrix}$$

且 $\boldsymbol{A}+2\boldsymbol{X}=\boldsymbol{B}$，求 $\boldsymbol{X}$.

解　由矩阵的加法和数乘运算律有

$$\boldsymbol{X}=\frac{1}{2}(\boldsymbol{B}-\boldsymbol{A})=\frac{1}{2}\begin{pmatrix}4&-3&-1&-1\\1&2&9&8\\-2&3&-4&4\end{pmatrix}=\begin{pmatrix}2&-\frac{3}{2}&-\frac{1}{2}&-\frac{1}{2}\\\frac{1}{2}&1&\frac{9}{2}&4\\-1&\frac{3}{2}&-2&2\end{pmatrix}$$

二、矩阵的乘法

设有两个线性变换

$$\begin{cases}x_1=a_{11}y_1+a_{12}y_2+a_{13}y_3\\x_2=a_{21}y_1+a_{22}y_2+a_{23}y_3\end{cases}$$

$$\begin{cases}y_1=b_{11}z_1+b_{12}z_2\\y_2=b_{21}z_1+b_{22}z_2\\y_3=b_{31}z_1+b_{32}z_2\end{cases}$$

则变量 z_1，z_2 与变量 x_1，x_2 的关系为

$$\begin{cases}x_1=(a_{11}b_{11}+a_{12}b_{21}+a_{13}b_{31})\ z_1+(a_{11}b_{12}+a_{12}b_{22}+a_{13}b_{32})\ z_2\\x_2=(a_{21}b_{11}+a_{22}b_{21}+a_{23}b_{31})\ z_1+(a_{21}b_{12}+a_{22}b_{22}+a_{23}b_{32})\ z_2\end{cases}\tag{2-2}$$

定义 2.9 设矩阵 $\boldsymbol{A}=(a_{ij})_{m\times s}$，$\boldsymbol{B}=(b_{ij})_{s\times n}$. 令

$$c_{ij}=a_{i1}b_{1j}+a_{i2}b_{2j}+\cdots+a_{is}b_{sj}=\sum_{k=1}^{s}a_{ik}b_{kj}\quad(i=1,2,\cdots,m;\ j=1,2,\cdots,n)$$

则称矩阵 $\boldsymbol{C}=(c_{ij})_{m\times n}$是矩阵 $\boldsymbol{A}$ 与矩阵 $\boldsymbol{B}$ 的乘积，记作 $\boldsymbol{C}=\boldsymbol{AB}$.

对于矩阵的乘法，由定义注意到以下三点：

（1）只有矩阵 $\boldsymbol{A}$ 的列数等于矩阵 $\boldsymbol{B}$ 的行数时，$\boldsymbol{AB}$ 才有意义.

（2）乘积矩阵 $\boldsymbol{C}$ 的第 i 行第 j 列元素 c_{ij}就是矩阵 $\boldsymbol{A}$ 的第 i 行上各元素与矩阵 $\boldsymbol{B}$ 的第 j 列上的各对应元素的乘积之和. 即

$$i_{\text{行}}\begin{pmatrix} & \vdots & & \\ a_{i1} & a_{i2} & \cdots & a_{is}\\ & \vdots & & \end{pmatrix}\begin{pmatrix} & j_{\text{列}} & \\ & b_{1j} & \\ \cdots & b_{2j} & \cdots\\ & \vdots & \\ & b_{sj} & \end{pmatrix}=\begin{pmatrix} & j_{\text{列}} & \\ & \vdots & \\ \cdots & c_{ij} & \cdots\\ & \vdots & \end{pmatrix}i_{\text{行}}$$

（3）乘积矩阵 $\boldsymbol{C}$ 的行数等于矩阵 $\boldsymbol{A}$ 的行数，列数等于矩阵 $\boldsymbol{B}$ 的列数.

线性变换（2-2）用矩阵乘法表示即为

$$\begin{pmatrix}x_1\\x_2\end{pmatrix}=\begin{pmatrix}a_{11}&a_{12}&a_{13}\\a_{21}&a_{22}&a_{23}\end{pmatrix}\begin{pmatrix}b_{11}&b_{12}\\b_{21}&b_{22}\\b_{31}&b_{32}\end{pmatrix}\begin{pmatrix}z_1\\z_2\end{pmatrix}$$

这种矩阵的表示显然比式（2-2）表示要简单得多.

例 7 设矩阵 $\boldsymbol{A}=\begin{pmatrix}2&1&4&0\\1&-1&3&4\end{pmatrix}$，$\boldsymbol{B}=\begin{pmatrix}1&3&-1\\0&-1&2\\1&-3&1\\4&0&-2\end{pmatrix}$，求 $\boldsymbol{AB}$.

解 因为 $\boldsymbol{A}$ 是 2×4 矩阵，$\boldsymbol{B}$ 是 4×3 矩阵，即 $\boldsymbol{A}$ 的列数等于 $\boldsymbol{B}$ 的行数，故 $\boldsymbol{A}$ 和 $\boldsymbol{B}$ 可

相乘，其乘积 AB 应是个 2×3 矩阵.

$$\boldsymbol{AB}=\begin{pmatrix}2&1&4&0\\1&-1&3&4\end{pmatrix}\begin{pmatrix}1&3&-1\\0&-1&2\\1&-3&1\\4&0&-2\end{pmatrix}$$

$$=\begin{pmatrix}2\times1+1\times0+4\times1+0\times4 & 2\times3+1\times(-1)+4\times(-3)+0\times0 & 2\times(-1)+1\times2+4\times1+0\times(-2)\\1\times1+(-1)\times0+3\times1+4\times4 & 1\times3+(-1)\times(-1)+3\times(-3)+4\times0 & 1\times(-1)+(-1)\times2+3\times1+4\times(-2)\end{pmatrix}$$

$$=\begin{pmatrix}6&-7&4\\20&-5&-8\end{pmatrix}$$

例 8 设 $\boldsymbol{A}=\begin{pmatrix}-2&4\\1&-2\end{pmatrix}$，$\boldsymbol{B}=\begin{pmatrix}2&4\\-3&-6\end{pmatrix}$，求 $\boldsymbol{AB}$ 及 $\boldsymbol{BA}$.

解 $\boldsymbol{AB}=\begin{pmatrix}-2&4\\1&-2\end{pmatrix}\begin{pmatrix}2&4\\-3&-6\end{pmatrix}=\begin{pmatrix}-16&-32\\8&16\end{pmatrix}$

$\boldsymbol{BA}=\begin{pmatrix}2&4\\-3&-6\end{pmatrix}\begin{pmatrix}-2&4\\1&-2\end{pmatrix}=\begin{pmatrix}0&0\\0&0\end{pmatrix}$

由例 7 知，在矩阵的乘法中必须注意矩阵相乘的顺序. $\boldsymbol{AB}$ 是 $\boldsymbol{A}$ 左乘 $\boldsymbol{B}$，$\boldsymbol{BA}$ 是 $\boldsymbol{A}$ 右乘 $\boldsymbol{B}$. $\boldsymbol{AB}$ 有意义时，$\boldsymbol{BA}$ 可能没有意义. 当 $\boldsymbol{AB}$ 与 $\boldsymbol{BA}$ 都有意义时，它们仍然可以不相等，如例 8 所示. 总之，矩阵的乘法不满足交换律，即在一般情形下，$\boldsymbol{AB}\neq\boldsymbol{BA}$.

对于两个 n 阶方阵 $\boldsymbol{A}$，$\boldsymbol{B}$，若 $\boldsymbol{AB}=\boldsymbol{BA}$，则称方阵 $\boldsymbol{A}$ 与 $\boldsymbol{B}$ 是可交换的.

例 8 还表明，矩阵 $\boldsymbol{A}\neq\boldsymbol{O}$，$\boldsymbol{B}\neq\boldsymbol{O}$，但却有 $\boldsymbol{BA}=\boldsymbol{O}$. 这里要特别注意的是：若有两个矩阵 $\boldsymbol{A}$，$\boldsymbol{B}$ 尽管满足 $\boldsymbol{AB}=\boldsymbol{O}$，也不一定能得出 $\boldsymbol{A}=\boldsymbol{O}$ 或 $\boldsymbol{B}=\boldsymbol{O}$ 的结论；若 $\boldsymbol{A}\neq\boldsymbol{O}$ 而 $\boldsymbol{A}(\boldsymbol{X}-\boldsymbol{Y})=\boldsymbol{O}$，也不一定能得出 $\boldsymbol{X}=\boldsymbol{Y}$ 的结论.

矩阵的乘法虽不满足交换律，但仍满足下列结合律和分配律（假设运算都是可行的）：

(1) $(\boldsymbol{AB})\boldsymbol{C}=\boldsymbol{A}(\boldsymbol{BC})$；

(2) $(\boldsymbol{A}+\boldsymbol{B})\boldsymbol{C}=\boldsymbol{AC}+\boldsymbol{BC}$；

(3) $\boldsymbol{C}(\boldsymbol{A}+\boldsymbol{B})=\boldsymbol{CA}+\boldsymbol{CB}$；

(4) $k(\boldsymbol{AB})=(k\boldsymbol{A})\boldsymbol{B}=\boldsymbol{A}(k\boldsymbol{B})$.

三、矩阵的转置

定义 2.10 把矩阵 $\boldsymbol{A}_{m\times n}$ 的行与列互换，得到一个 $m\times n$ 新矩阵，称为 $\boldsymbol{A}$ 的转置矩阵，记作 $\boldsymbol{A}^{\mathrm{T}}$. 即若

$$\boldsymbol{A}=\begin{pmatrix}a_{11}&a_{12}&\cdots&a_{1n}\\a_{21}&a_{22}&\cdots&a_{2n}\\\vdots&\vdots&&\vdots\\a_{m1}&a_{m2}&\cdots&a_{mn}\end{pmatrix}$$

则

$$A^{\mathrm{T}} = \begin{pmatrix} a_{11} & a_{21} & \cdots & a_{m1} \\ a_{12} & a_{22} & \cdots & a_{m2} \\ \vdots & \vdots & & \vdots \\ a_{1n} & a_{2n} & \cdots & a_{mn} \end{pmatrix}$$

例如，矩阵 $A = \begin{pmatrix} 1 & 2 & 0 \\ 3 & -1 & 1 \end{pmatrix}$ 的转置矩阵为 $A^{\mathrm{T}} = \begin{pmatrix} 1 & 3 \\ 2 & -1 \\ 0 & 1 \end{pmatrix}$.

矩阵的转置也是一种运算，满足下述运算规律（假设运算都有意义）：

（1）$(A^{\mathrm{T}})^{\mathrm{T}} = A$；

（2）$(A+B)^{\mathrm{T}} = A^{\mathrm{T}} + B^{\mathrm{T}}$；

（3）$(kA)^{\mathrm{T}} = kA^{\mathrm{T}}$，其中 k 为数；

（4）$(AB)^{\mathrm{T}} = B^{\mathrm{T}}A^{\mathrm{T}}$.

这里仅证明（4）. 设 $A = (a_{ij})_{m\times s}$，$B = (b_{ij})_{s\times n}$，记 $AB = C = (c_{ij})_{m\times n}$，$B^{\mathrm{T}}A^{\mathrm{T}} = D = (d_{ij})_{n\times m}$. 于是按定义有

$$c_{ji} = \sum_{k=1}^{s} a_{jk}b_{ki}$$

而 B^{T} 的第 i 行为 $(b_{1i}, b_{2i}, \cdots, b_{si})$，$A^{\mathrm{T}}$ 的第 j 列为

$$(a_{j1}, a_{j2}, \cdots, a_{js})^{\mathrm{T}}$$

因此

$$d_{ij} = \sum_{k=1}^{s} b_{ki}a_{jk} = \sum_{k=1}^{s} a_{jk}b_{ki}$$

所以 $d_{ij} = c_{ji}(i=1, 2, \cdots, n; j=1, 2, \cdots, m)$，即 $D = C^{\mathrm{T}}$，亦即

$$B^{\mathrm{T}}A^{\mathrm{T}} = (AB)^{\mathrm{T}}$$

例 9 已知 $A = \begin{pmatrix} 2 & 0 & -1 \\ 1 & 3 & 2 \end{pmatrix}$，$B = \begin{pmatrix} 1 & 7 & -1 \\ 4 & 2 & 3 \\ 2 & 0 & 1 \end{pmatrix}$，求 $(AB)^{\mathrm{T}}$.

解法一： 因为

$$AB = \begin{pmatrix} 2 & 0 & -1 \\ 1 & 3 & 2 \end{pmatrix}\begin{pmatrix} 1 & 7 & -1 \\ 4 & 2 & 3 \\ 2 & 0 & 1 \end{pmatrix} = \begin{pmatrix} 0 & 14 & -3 \\ 17 & 13 & 10 \end{pmatrix}$$

所以

$$(AB)^{\mathrm{T}} = \begin{pmatrix} 0 & 17 \\ 14 & 13 \\ -3 & 10 \end{pmatrix}$$

解法二：

$$(\boldsymbol{AB})^{\mathrm{T}}=\boldsymbol{B}^{\mathrm{T}}\boldsymbol{A}^{\mathrm{T}}=\begin{pmatrix}1&4&2\\7&2&0\\-1&3&1\end{pmatrix}\begin{pmatrix}2&1\\0&3\\-1&2\end{pmatrix}=\begin{pmatrix}0&17\\14&13\\-3&10\end{pmatrix}$$

定义 2.11　若 n 阶方阵 $\boldsymbol{A}=(a_{ij})$ 的元素都满足

$$a_{ij}=a_{ji}\quad(i,\ j=1,\ 2,\ \cdots,\ n)$$

则称 $\boldsymbol{A}$ 为对称矩阵，即 $\boldsymbol{A}=\boldsymbol{A}^{\mathrm{T}}$；若元素都满足

$$a_{ij}=-a_{ji}\quad(i,\ j=1,\ 2,\ \cdots,\ n)$$

则称 $\boldsymbol{A}$ 为反对称矩阵，即 $\boldsymbol{A}=-\boldsymbol{A}^{\mathrm{T}}$.

四、方阵的幂及其行列式

定义 2.12　对于方阵 $\boldsymbol{A}$ 及自然数 k，

$$\boldsymbol{A}^k=\underbrace{\boldsymbol{AA}\cdots\boldsymbol{A}}_{k\text{个}}$$

称为方阵 $\boldsymbol{A}$ 的 k 次幂.

方阵的幂有下列性质：

设 $\boldsymbol{A}$ 是方阵，k_1，k_2 是自然数，则

(1) $\boldsymbol{A}^{k_1}\boldsymbol{A}^{k_2}=\boldsymbol{A}^{k_1+k_2}$；

(2) $(\boldsymbol{A}^{k_1})^{k_2}=\boldsymbol{A}^{k_1k_2}$.

定义 2.13　由 n 阶方阵 $\boldsymbol{A}$ 的元素所构成的行列式（各元素的位置不变），称为方阵 $\boldsymbol{A}$ 的行列式，记为 $|\boldsymbol{A}|$ 或 $\det\boldsymbol{A}$.

注意，方阵与行列式是两个不同的概念，n 阶方阵是 n^2 个数按一定方式排成的数表，而 n 阶行列式则是这些数（也就是数表 A）按一定的运算法则所确定的一个数.

由 $\boldsymbol{A}$ 确定的 $|\boldsymbol{A}|$ 的运算满足下述运算规律（设 $\boldsymbol{A}$，$\boldsymbol{B}$ 为 n 阶方阵，k 为数）：

(1) $|\boldsymbol{A}^{\mathrm{T}}|=|\boldsymbol{A}|$；

(2) $|k\boldsymbol{A}|=k^n|\boldsymbol{A}|$；

(3) $|\boldsymbol{AB}|=|\boldsymbol{A}||\boldsymbol{B}|$.

例 10　$\boldsymbol{A}=\begin{pmatrix}1&2\\2&3\end{pmatrix}$，$\boldsymbol{B}=\begin{pmatrix}2&4\\-1&5\end{pmatrix}$，求 $|\boldsymbol{AB}|$.

解法一：$\boldsymbol{AB}=\begin{pmatrix}1&2\\2&3\end{pmatrix}\begin{pmatrix}2&4\\-1&5\end{pmatrix}=\begin{pmatrix}0&14\\1&23\end{pmatrix}$，所以 $|\boldsymbol{AB}|=-14$.

解法二：$|\boldsymbol{A}|=-1$，$|\boldsymbol{B}|=14$，所以 $|\boldsymbol{AB}|=|\boldsymbol{A}||\boldsymbol{B}|=-14$.

例 11　n 阶行列式 $|\boldsymbol{A}|$ 的各个元素的代数余子式 A_{ij} 所构成的如下方阵

$$\boldsymbol{A}^*=\begin{pmatrix}A_{11}&A_{12}&\cdots&A_{1n}\\A_{21}&A_{22}&\cdots&A_{2n}\\\vdots&\vdots&&\vdots\\A_{n1}&A_{n2}&\cdots&A_{nn}\end{pmatrix}^{\mathrm{T}}$$

称为矩阵 $\boldsymbol{A}$ 的伴随矩阵. 试证：

$$\boldsymbol{A}\boldsymbol{A}^* = \boldsymbol{A}^*\boldsymbol{A} = |\boldsymbol{A}|\boldsymbol{E}.$$

证 设 $\boldsymbol{A}=(a_{ij})$，记 $\boldsymbol{A}\boldsymbol{A}^*=(b_{ij})$，则

$$b_{ij}=a_{i1}A_{j1}+a_{i2}A_{j2}+\cdots+a_{in}A_{jn}=|\boldsymbol{A}|\ \delta_{ij}$$

其中 $\delta_{ij}=\begin{cases}1 & i=j\\ 0 & i\neq j\end{cases}$，故

$$\boldsymbol{A}\boldsymbol{A}^*=(|\boldsymbol{A}|\ \delta_{ij})=|\boldsymbol{A}|\ (\delta_{ij})=|\boldsymbol{A}|\boldsymbol{E}$$

类似有

$$\boldsymbol{A}^*\boldsymbol{A}=\left(\sum_{k=1}^{n}A_{ki}a_{kj}\right)=(|\boldsymbol{A}|\ \delta_{ij})=|\boldsymbol{A}|(\delta_{ij})=|\boldsymbol{A}|\boldsymbol{E}$$

第三节 矩阵的初等变换及初等矩阵

矩阵的初等变换是矩阵的一种最基本的运算，它在解线性方程组、求逆阵及矩阵理论的讨论中都起到非常重要的作用.

一、矩阵的初等变换与矩阵等价

定义 2.14 下面三种变换称为矩阵的初等行变换：

（1）对调两行（对调 i，j 两行，记作 $r_i\leftrightarrow r_j$）；

（2）数 $k\neq 0$ 乘某一行中的所有元素（第 i 行乘 k，记为 kr_i）；

（3）把某一行所有元素的 k 倍加到另一行对应的元素上去（第 j 行的 k 倍加到第 i 行上，记为 r_i+kr_j）.

把定义中的“行”换成“列”，即得矩阵的初等列变换的定义（所有记号把 r 换成 c 即可）.

矩阵的初等行变换和初等列变换，统称为初等变换.

容易证明三种初等变换都是可逆的，且其逆变换是同一类型的初等变换. 变换 $r_i\leftrightarrow r_j$ 的逆变换就是其本身；变换 kr_i 的逆变换为 $\frac{1}{k}r_i$（或记作 $r_i\div k$）；变换 r_i+kr_j 的逆变换为 $r_i+(-k)r_j$（或记作 r_i-kr_j）.

定义 2.15 若矩阵 $\boldsymbol{A}$ 经过有限次初等变换化为矩阵 $\boldsymbol{B}$，则称矩阵 $\boldsymbol{A}$ 与 $\boldsymbol{B}$ 等价，记作 $\boldsymbol{A}\sim\boldsymbol{B}$.

矩阵之间的等价关系具有下列性质：

（1）反身性：$\boldsymbol{A}\sim\boldsymbol{A}$；

（2）对称性：若 $\boldsymbol{A}\sim\boldsymbol{B}$，则 $\boldsymbol{B}\sim\boldsymbol{A}$；

（3）传递性：若 $\boldsymbol{A}\sim\boldsymbol{B}$，$\boldsymbol{B}\sim\boldsymbol{C}$，则 $\boldsymbol{A}\sim\boldsymbol{C}$.

在后面章节将看到，初等行变换将成为解线性方程组的重要工具.

对行最简形矩阵施以初等列变换，可化为一种形式最简单的矩阵，称为标准形. 例如

$$\boldsymbol{A}=\begin{pmatrix}1&0&-1&0&4\\0&1&-1&0&3\\0&0&0&1&-3\\0&0&0&0&0\end{pmatrix}\xrightarrow[c_5-4c_1-3c_2+3c_3]{\substack{c_3\leftrightarrow c_4\\ c_4+c_1+c_2}}\begin{bmatrix}1&0&0&0&0\\0&1&0&0&0\\0&0&1&0&0\\0&0&0&0&0\end{bmatrix}=\boldsymbol{F}$$

矩阵 $\boldsymbol{F}$ 称为矩阵 $\boldsymbol{A}$ 的标准形，其特点是：$\boldsymbol{F}$ 的左上角是一个单位矩阵，其余元素全为0.

定理 2.1 对于 $m\times n$ 矩阵 $\boldsymbol{A}$，总可经过初等变换（行变换和列变换）把它化为标准形

$$\boldsymbol{F}=\begin{pmatrix}\boldsymbol{E}_r&\boldsymbol{O}\\\boldsymbol{O}&\boldsymbol{O}\end{pmatrix}_{m\times n}$$

此标准形由 m，n，r 三个数完全确定，其中 r 就是行阶梯形矩阵中非零行的行数.

例 12 化矩阵 $\boldsymbol{A}=\begin{pmatrix}2&1&2&3\\4&1&3&5\\2&0&1&2\end{pmatrix}$ 为标准形.

解

$$\boldsymbol{A}=\begin{pmatrix}2&1&2&3\\4&1&3&5\\2&0&1&2\end{pmatrix}\xrightarrow{\substack{r_2-2r_1\\ r_3-r_1}}\begin{pmatrix}2&1&2&3\\0&-1&-1&-1\\0&-1&-1&-1\end{pmatrix}$$

$$\xrightarrow{\substack{c_2-\frac{1}{2}c_1\\ c_3-c_1\\ c_4-\frac{3}{2}c_1}}\begin{pmatrix}2&0&0&0\\0&-1&-1&-1\\0&-1&-1&-1\end{pmatrix}\xrightarrow{r_3-r_2}\begin{pmatrix}1&0&0&0\\0&-1&-1&-1\\0&0&0&0\end{pmatrix}$$

$$\xrightarrow{\substack{c_3-c_2\\ c_4-c_2}}\begin{pmatrix}1&0&0&0\\0&-1&0&0\\0&0&0&0\end{pmatrix}\xrightarrow{r_2\times(-1)}\begin{pmatrix}1&0&0&0\\0&1&0&0\\0&0&0&0\end{pmatrix}$$

二、初等矩阵

定义 2.16 对单位矩阵 $\boldsymbol{E}$ 进行一次初等变换后得到的矩阵，称为初等矩阵.

初等矩阵有下列三种：

（1）对 $\boldsymbol{E}$ 进行第 1 种初等变换得到的矩阵：

$$
\boldsymbol{E}(i,\ j)=\begin{pmatrix}
1 & & & & & & & & & \\
& \ddots & & & & & & & & \\
& & 1 & & & & & & & \\
& & & 0 & & \cdots & & 1 & & \\
& & & & 1 & & & & & \\
& & & \vdots & & \ddots & & \vdots & & \\
& & & & & & 1 & & & \\
& & & 1 & & \cdots & & 0 & & \\
& & & & & & & & 1 & \\
& & & & & & & & & \ddots \\
& & & & & & & & & & 1
\end{pmatrix}\begin{matrix} \\ \\ \\ i\text{ 行} \\ \\ \\ \\ j\text{ 行} \\ \\ \\ \\ \end{matrix}
$$

$$\qquad\qquad\qquad i\text{ 列}\qquad\qquad j\text{ 列}$$

（2）对 $\boldsymbol{E}$ 进行第 2 种初等变换得到的矩阵：

$$
\boldsymbol{E}(i(k))=\begin{pmatrix}
1 & & & & & & \\
& \ddots & & & & & \\
& & 1 & & & & \\
& & & k & & & \\
& & & & 1 & & \\
& & & & & \ddots & \\
& & & & & & 1
\end{pmatrix}\begin{matrix} \\ \\ \\ i\text{ 行} \\ \\ \\ \\ \end{matrix}
$$

$$\qquad\qquad i\text{ 列}$$

（3）对 $\boldsymbol{E}$ 进行第 3 种初等变换得到的矩阵：

$$
\boldsymbol{E}(i,\ j(k))=\begin{pmatrix}
1 & & & & & & \\
& \ddots & & & & & \\
& & 1 & \cdots & k & & \\
& & & \ddots & \vdots & & \\
& & & & 1 & & \\
& & & & & \ddots & \\
& & & & & & 1
\end{pmatrix}\begin{matrix} \\ \\ i\text{ 行} \\ \\ j\text{ 行} \\ \\ \\ \end{matrix}
$$

$$\qquad\qquad i\text{ 列}\qquad j\text{ 列}$$

定理 2.2 设 $\boldsymbol{A}_{m\times n}=(a_{ij})_{m\times n}$，

（1）对 $\boldsymbol{A}$ 的行进行某种初等变换得到的矩阵，等于用相应的 m 阶初等矩阵左乘 $\boldsymbol{A}$；

（2）对 $\boldsymbol{A}$ 的列进行某种初等变换得到的矩阵，等于用相应的 n 阶初等矩阵右乘 $\boldsymbol{A}$.

证 现在证明交换 $\boldsymbol{A}$ 的第 i 行与第 j 行等于用 $\boldsymbol{E}_m(i,\ j)$ 左乘 $\boldsymbol{A}$. 将 $\boldsymbol{A}_{m\times n}$与 $\boldsymbol{E}_m$ 表示为

$$\boldsymbol{A}=(\boldsymbol{A}_1\ \boldsymbol{A}_2\ \cdots\boldsymbol{A}_i\ \cdots\boldsymbol{A}_j\ \cdots\boldsymbol{A}_m)^{\mathrm{T}}$$

$$\boldsymbol{E}=(\boldsymbol{\varepsilon}_1\ \boldsymbol{\varepsilon}_2\ \cdots\boldsymbol{\varepsilon}_i\ \cdots\boldsymbol{\varepsilon}_j\ \cdots\boldsymbol{\varepsilon}_m)^{\mathrm{T}}$$

其中

$$\boldsymbol{A}_k=(a_{k1}\,a_{k2}\cdots a_{kn})\quad (k=1,\ 2,\ \cdots,\ m)$$

$$\boldsymbol{\varepsilon}_k=(0\ 0\ \cdots 1\ \cdots 0)\quad (k=1,\ 2,\ \cdots,\ m)$$

则

$$\boldsymbol{E}_m(i,\ j)\boldsymbol{A}=\begin{pmatrix}\boldsymbol{\varepsilon}_1\\ \vdots\\ \boldsymbol{\varepsilon}_j\\ \vdots\\ \boldsymbol{\varepsilon}_i\\ \vdots\\ \boldsymbol{\varepsilon}_m\end{pmatrix}\boldsymbol{A}=\begin{pmatrix}\boldsymbol{\varepsilon}_1\boldsymbol{A}\\ \vdots\\ \boldsymbol{\varepsilon}_j\boldsymbol{A}\\ \vdots\\ \boldsymbol{\varepsilon}_i\boldsymbol{A}\\ \vdots\\ \boldsymbol{\varepsilon}_m\boldsymbol{A}\end{pmatrix}=\begin{pmatrix}\boldsymbol{A}_1\\ \vdots\\ \boldsymbol{A}_j\\ \vdots\\ \boldsymbol{A}_i\\ \vdots\\ \boldsymbol{A}_m\end{pmatrix}$$

由此可见 $\boldsymbol{E}_m(i,\ j)\boldsymbol{A}$ 恰好等于矩阵第 i 行与第 j 行互相交换得到的矩阵.

用类似的方法可以证明其他各种初等变换为相应的初等矩阵左乘或右乘矩阵 $\boldsymbol{A}$ 的运算，所以说矩阵的初等变换实际上是矩阵的一种乘法运算.

第四节 逆矩阵

解一元线性方程 $ax=b$，当 $a\neq 0$ 时，存在一个数 a^{-1}，使 $x=a^{-1}b$ 为方程的解. 那么，解矩阵方程 $\boldsymbol{AX}=\boldsymbol{B}$ 时，是否也存在类似的矩阵解. 这就是本节要讨论的逆矩阵问题.

一、逆矩阵的基本概念

定义 2.17 对于 n 阶方阵 $\boldsymbol{A}$，如果有一个 n 阶方阵 $\boldsymbol{B}$，使

$$\boldsymbol{AB}=\boldsymbol{BA}=\boldsymbol{E},$$

则称 $\boldsymbol{A}$ 是可逆矩阵，并称 $\boldsymbol{B}$ 为 $\boldsymbol{A}$ 的逆矩阵，记为 $\boldsymbol{A}^{-1}$，即 $\boldsymbol{B}=\boldsymbol{A}^{-1}$.

如果矩阵 $\boldsymbol{A}$ 是可逆的，那么 $\boldsymbol{A}$ 的逆矩阵是唯一的. 这是因为：设 $\boldsymbol{B}$，$\boldsymbol{C}$ 都是 $\boldsymbol{A}$ 的逆阵，则有

$$\boldsymbol{B}=\boldsymbol{BE}=\boldsymbol{B}(\boldsymbol{AC})=(\boldsymbol{BA})\boldsymbol{C}=\boldsymbol{EC}=\boldsymbol{C}$$

所以 $\boldsymbol{A}$ 的逆矩阵是唯一的.

二、逆矩阵存在及判定定理

定义 2.18 若方阵 $\boldsymbol{A}$ 的行列式 $|\boldsymbol{A}|\neq 0$，则称 $\boldsymbol{A}$ 为非奇异矩阵，否则称 $\boldsymbol{A}$ 为奇异矩阵.

定理 2.3 n 阶矩阵 $\boldsymbol{A}$ 为可逆的充分必要条件是 $\boldsymbol{A}$ 是非奇异矩阵，而且

$$\boldsymbol{A}^{-1}=\frac{\boldsymbol{A}^*}{|\boldsymbol{A}|} \tag{2-3}$$

其中，$\boldsymbol{A}^*$ 为 $\boldsymbol{A}$ 的伴随矩阵.

例 13 求二阶矩阵 $\boldsymbol{A}=\begin{pmatrix} a & b \\ c & d \end{pmatrix}$ 的逆矩阵.

解 $|\boldsymbol{A}|=ad-bc$，$\boldsymbol{A}^*=\begin{pmatrix} d & -b \\ -c & a \end{pmatrix}$，

利用逆矩阵公式（2-3），当 $|\boldsymbol{A}|\neq 0$ 时，有

$$\boldsymbol{A}^{-1}=\frac{1}{|\boldsymbol{A}|}\boldsymbol{A}^*=\frac{1}{ad-bc}\begin{pmatrix} d & -b \\ -c & a \end{pmatrix}$$

例 14 求方阵

$$\boldsymbol{A}=\begin{pmatrix} 1 & 2 & 3 \\ 2 & 2 & 1 \\ 3 & 4 & 3 \end{pmatrix}$$

的逆矩阵.

解 求得 $|\boldsymbol{A}|=2\neq 0$，知 $\boldsymbol{A}^{-1}$ 存在. 再计算 $|\boldsymbol{A}|$ 的余子式

$M_{11}=2$，$M_{12}=3$，$M_{13}=2$，

$M_{21}=-6$，$M_{22}=-6$，$M_{23}=-2$，

$M_{31}=-4$，$M_{32}=-5$，$M_{33}=-2$，

得

$$\boldsymbol{A}^*=\begin{pmatrix} M_{11} & -M_{21} & M_{31} \\ -M_{12} & M_{22} & -M_{32} \\ M_{13} & -M_{23} & M_{33} \end{pmatrix}=\begin{pmatrix} 2 & 6 & -4 \\ -3 & -6 & 5 \\ 2 & 2 & -2 \end{pmatrix}$$

所以

$$\boldsymbol{A}^{-1}=\frac{1}{|\boldsymbol{A}|}\boldsymbol{A}^*=\begin{pmatrix} 1 & 3 & -2 \\ -\frac{3}{2} & -3 & \frac{5}{2} \\ 1 & 1 & -1 \end{pmatrix}$$

由定理 2-3，可得下述推论.

推论　若 $\boldsymbol{AB}=\boldsymbol{E}$（或 $\boldsymbol{BA}=\boldsymbol{E}$），则 $\boldsymbol{B}=\boldsymbol{A}^{-1}$.

证　$|\boldsymbol{A}||\boldsymbol{B}|=|\boldsymbol{E}|=1$，故 $|\boldsymbol{A}|\neq 0$，因而 $\boldsymbol{A}^{-1}$存在，于是

$$\boldsymbol{B}=\boldsymbol{EB}=(\boldsymbol{A}^{-1}\boldsymbol{A})\boldsymbol{B}=\boldsymbol{A}^{-1}(\boldsymbol{AB})=\boldsymbol{A}^{-1}\boldsymbol{E}=\boldsymbol{A}^{-1}$$

对于矩阵 $\boldsymbol{A}=\begin{pmatrix} a_1 & 0 & \cdots & 0 \\ 0 & a_2 & \cdots & 0 \\ \vdots & \vdots & & \vdots \\ 0 & 0 & \cdots & a_n \end{pmatrix}$，其中 $a_i\neq 0$ $(i=1, 2, \cdots, n)$，利用上述推论显然有 $\boldsymbol{A}$ 可逆，且

$$\boldsymbol{A}^{-1}=\begin{pmatrix} \frac{1}{a_1} & 0 & \cdots & 0 \\ 0 & \frac{1}{a_2} & \cdots & 0 \\ \vdots & \vdots & & \vdots \\ 0 & 0 & \cdots & \frac{1}{a_n} \end{pmatrix}$$

例 15　设

$$\boldsymbol{A}=\begin{pmatrix} 1 & 2 & 3 \\ 2 & 2 & 1 \\ 3 & 4 & 3 \end{pmatrix},\ \boldsymbol{B}=\begin{pmatrix} 2 & 1 \\ 5 & 3 \end{pmatrix},\ \boldsymbol{C}=\begin{pmatrix} 1 & 3 \\ 2 & 0 \\ 3 & 1 \end{pmatrix}$$

求矩阵 $\boldsymbol{X}$ 使其满足

$$\boldsymbol{AXB}=\boldsymbol{C}$$

解　若 $\boldsymbol{A}^{-1}$，$\boldsymbol{B}^{-1}$存在，则用 $\boldsymbol{A}^{-1}$左乘上式，$\boldsymbol{B}^{-1}$右乘上式，有

$$\boldsymbol{A}^{-1}\boldsymbol{AXBB}^{-1}=\boldsymbol{A}^{-1}\boldsymbol{CB}^{-1}$$

即

$$\boldsymbol{X}=\boldsymbol{A}^{-1}\boldsymbol{CB}^{-1}$$

由上例知 $|\boldsymbol{A}|\neq 0$，而 $|\boldsymbol{B}|=1$，故知 $\boldsymbol{A}$，$\boldsymbol{B}$ 都可逆，且

$$\boldsymbol{A}^{-1}=\begin{pmatrix} 1 & 3 & -2 \\ -\frac{3}{2} & -3 & \frac{5}{2} \\ 1 & 1 & -1 \end{pmatrix},\ \boldsymbol{B}^{-1}=\begin{pmatrix} 3 & -1 \\ -5 & 2 \end{pmatrix}$$

于是

$$\boldsymbol{X}=\boldsymbol{A}^{-1}\boldsymbol{CB}^{-1}=\begin{pmatrix} 1 & 3 & -2 \\ -\frac{3}{2} & -3 & \frac{5}{2} \\ 1 & 1 & -1 \end{pmatrix}\begin{pmatrix} 1 & 3 \\ 2 & 0 \\ 3 & 1 \end{pmatrix}\begin{pmatrix} 3 & -1 \\ -5 & 2 \end{pmatrix}$$

$$=\begin{pmatrix} 1 & 1 \\ 0 & -2 \\ 0 & 2 \end{pmatrix}\begin{pmatrix} 3 & -1 \\ -5 & 2 \end{pmatrix}=\begin{pmatrix} -2 & 1 \\ 10 & -4 \\ -10 & 4 \end{pmatrix}$$

三、逆矩阵的性质

方阵的逆矩阵满足下列运算规律：

(1) 若 $\boldsymbol{A}$ 可逆，则 $\boldsymbol{A}^{-1}$亦可逆，且$(\boldsymbol{A}^{-1})^{-1}=\boldsymbol{A}$；

(2) 若 $\boldsymbol{A}$ 可逆，数 $\lambda\neq0$，则 $\lambda\boldsymbol{A}$ 可逆，且$(\lambda\boldsymbol{A})^{-1}=\dfrac{1}{\lambda}\boldsymbol{A}^{-1}$；

(3) 若 $\boldsymbol{A}$ 可逆，则 $|\boldsymbol{A}^{-1}|=|\boldsymbol{A}|^{-1}$；

(4) 若 $\boldsymbol{A}$，$\boldsymbol{B}$ 为同阶的可逆方阵，则 $\boldsymbol{AB}$ 亦可逆，且$(\boldsymbol{AB})^{-1}=\boldsymbol{B}^{-1}\boldsymbol{A}^{-1}$；

(5) 若 $\boldsymbol{A}$ 可逆，则 $\boldsymbol{A}^{\mathrm{T}}$ 亦可逆，且$(\boldsymbol{A}^{\mathrm{T}})^{-1}=(\boldsymbol{A}^{-1})^{\mathrm{T}}$.

定理 2.4 设 $\boldsymbol{A}$ 与 $\boldsymbol{B}$ 为 $m\times n$ 矩阵，则 $\boldsymbol{A}\sim\boldsymbol{B}$ 的充分必要条件是存在 m 阶可逆矩阵 $\boldsymbol{P}$ 及 n 阶可逆矩阵 $\boldsymbol{Q}$，使 $\boldsymbol{PAQ}=\boldsymbol{B}$.

当 $\boldsymbol{A}$ 可逆时，还可定义

$$\boldsymbol{A}^0=\boldsymbol{E},\ \boldsymbol{A}^{-k}=(\boldsymbol{A}^{-1})^k$$

其中 k 为正整数. 这样，当 $\boldsymbol{A}$ 可逆，λ，μ 为整数时，有

$$\boldsymbol{A}^{\lambda}\boldsymbol{A}^{\mu}=\boldsymbol{A}^{\lambda+\mu},\ (\boldsymbol{A}^{\lambda})^{\mu}=\boldsymbol{A}^{\lambda\mu}$$

四、初等变换求逆矩阵

根据逆矩阵的定义，对于第三节的定理 2.1 就有：若 $\boldsymbol{A}$ 为 n 阶可逆矩阵，则 $\boldsymbol{F}=\boldsymbol{E}$.

定理 2.5 n 阶方阵 $\boldsymbol{A}$ 为可逆矩阵的充分必要条件是它可以表成一些初等矩阵的乘积.

证 先证必要性：

若 $\boldsymbol{A}$ 可逆，则经过若干次初等变换可化为 $\boldsymbol{E}$，那就是说，存在矩阵 $\boldsymbol{P}_1$，…，$\boldsymbol{P}_s$，$\boldsymbol{Q}_1$，…，$\boldsymbol{Q}_t$，使

$$\boldsymbol{E}=\boldsymbol{P}_1\cdots\boldsymbol{P}_s\boldsymbol{A}\boldsymbol{Q}_1\cdots\boldsymbol{Q}_t$$

记 $\boldsymbol{P}=\boldsymbol{P}_1\cdots\boldsymbol{P}_s$，$\boldsymbol{Q}=\boldsymbol{Q}_1\cdots\boldsymbol{Q}_t$，则 $\boldsymbol{A}=\boldsymbol{P}^{-1}\boldsymbol{E}\boldsymbol{Q}^{-1}=\boldsymbol{P}_s^{-1}\cdots\boldsymbol{P}_1^{-1}\boldsymbol{Q}_t^{-1}\cdots\boldsymbol{Q}_1^{-1}$，即矩阵 A 可以表成一些初等矩阵的乘积.

反之，因为初等矩阵可逆，由前面逆矩阵的性质（4）知充分条件是显然的.

这样由定理 2.5 得到了矩阵求逆的一种简便有效的方法——初等变换求逆法.

若 $\boldsymbol{A}$ 可逆，则 $\boldsymbol{A}^{-1}$可表示为有限个初等矩阵乘积，即 $\boldsymbol{A}^{-1}=\boldsymbol{G}_1\boldsymbol{G}_2\cdots\boldsymbol{G}_k$. 由 $\boldsymbol{A}^{-1}\boldsymbol{A}=\boldsymbol{E}$，就有

$$(\boldsymbol{G}_1\boldsymbol{G}_2\cdots\boldsymbol{G}_k)\boldsymbol{A}=\boldsymbol{E},\ (\boldsymbol{G}_1\boldsymbol{G}_2\cdots\boldsymbol{G}_k)\boldsymbol{E}=\boldsymbol{A}^{-1}$$

上面左式表示 $\boldsymbol{A}$ 经若干次初等行变换化为 $\boldsymbol{E}$，右式表示 $\boldsymbol{E}$ 经同样的初等行变换化为 $\boldsymbol{A}^{-1}$. 把上面的两个式子写在一起，则有

$$(\boldsymbol{G}_1\boldsymbol{G}_2\cdots\boldsymbol{G}_k)(\boldsymbol{A}\vdots\boldsymbol{E})=(\boldsymbol{E}\vdots\boldsymbol{A}^{-1})$$

即对 $n\times 2n$ 的矩阵 $(\boldsymbol{A}\vdots\boldsymbol{E})$ 进行初等行变换，当将 $\boldsymbol{A}$ 化为 $\boldsymbol{E}$ 时，则 $\boldsymbol{E}$ 化为 $\boldsymbol{A}^{-1}$. 类似地，对 $2n\times n$ 的矩阵 $\begin{pmatrix}A\\E\end{pmatrix}$ 进行初等列变换，将 A 化为 E 的同时也可将 E 化为 $\boldsymbol{A}^{-1}$.

例 16 求矩阵 $\boldsymbol{A}=\begin{pmatrix}1&0&1\\2&1&0\\-3&2&-5\end{pmatrix}$ 的逆矩阵.

解

$$(\boldsymbol{A}\vdots\boldsymbol{E})=\left(\begin{array}{ccc:ccc}1&0&1&1&0&0\\2&1&0&0&1&0\\-3&2&-5&0&0&1\end{array}\right)\xrightarrow[r_3+3r_1]{r_2-2r_1}\left(\begin{array}{ccc:ccc}1&0&1&1&0&0\\0&1&-2&-2&1&0\\0&2&-2&3&0&1\end{array}\right)$$

$$\xrightarrow[\frac{1}{2}r_3]{r_3-2r_2}\left(\begin{array}{ccc:ccc}1&0&1&1&0&0\\0&1&-2&-2&1&0\\0&0&1&\frac{7}{2}&-1&\frac{1}{2}\end{array}\right)\xrightarrow[r_2+2r_3]{r_1-r_3}\left(\begin{array}{ccc:ccc}1&0&0&-\frac{5}{2}&1&-\frac{1}{2}\\0&1&0&5&-1&1\\0&0&1&\frac{7}{2}&-1&\frac{1}{2}\end{array}\right)$$

于是得到

$$\boldsymbol{A}^{-1}=\begin{pmatrix}-\frac{5}{2}&1&-\frac{1}{2}\\5&-1&1\\\frac{7}{2}&-1&\frac{1}{2}\end{pmatrix}$$

如果不知道矩阵 $\boldsymbol{A}$ 是否可逆，可按上述方法变换，只要 $n\times 2n$ 矩阵左边子块有一行（列）的元素为零，则 $\boldsymbol{A}$ 不可逆.

第五节 矩阵的秩

矩阵的秩是线性代数中的又一个重要概念，它描述了矩阵的一个重要的数值特征.

一、矩阵的秩的定义

对于给定的 $m\times n$ 矩阵 $\boldsymbol{A}$，它的标准形

$$\boldsymbol{F}=\begin{pmatrix}\boldsymbol{E}_r&O\\O&O\end{pmatrix}_{m\times n}$$

由数 r 完全确定. 这个数也就是 $\boldsymbol{A}$ 的行阶梯形中非零行的行数，即矩阵 $\boldsymbol{A}$ 的秩. 但由于这个数的唯一性尚未证明，因此下面用另一种说法给出矩阵的秩的定义.

定义 2.19 在 $m\times n$ 矩阵 $\boldsymbol{A}$ 中，任取 k 行 k 列（$k\leqslant m$，$k\leqslant n$），位于这些行列交叉

处的 k^2 个元素，不改变它们在 $\boldsymbol{A}$ 中所处的位置次序而得的 k 阶行列式，称为矩阵 $\boldsymbol{A}$ 的 k 阶子式.

例如

$$\boldsymbol{A}=\begin{pmatrix}1&3&4&5\\-1&0&2&3\\0&1&-1&0\end{pmatrix}$$

的第一、三行，第二、四列相交处的元素所构成的二阶子式为

$$\begin{vmatrix}3&5\\1&0\end{vmatrix}=-5$$

$m\times n$ 矩阵 $\boldsymbol{A}$ 的 k 阶子式共有 $C_m^k\,C_n^k$ 个.

定义 2.20 矩阵 $\boldsymbol{A}_{m\times n}$ 中不为零的子式最高阶数 r 称为矩阵 $\boldsymbol{A}$ 的秩，记作 $R(\boldsymbol{A})=r$. 即存在 r 阶子式 D 不为零，且所有的 $r+1$ 阶以上的子式（如果存在）全等于零，则称 $\boldsymbol{D}$ 为矩阵 $\boldsymbol{A}$ 的最高阶非零子式. 规定零矩阵的秩等于 0.

显然：$R(\boldsymbol{A})=R(\boldsymbol{A}^{\mathrm{T}})$；$0\leqslant R(\boldsymbol{A})\leqslant\min\{m,\ n\}$.

对于 n 阶矩阵 $\boldsymbol{A}$，由于 $\boldsymbol{A}$ 的 n 阶子式只有一个 $|\boldsymbol{A}|$，故当 $|\boldsymbol{A}|\neq 0$ 时 $R(\boldsymbol{A})=n$，当 $|\boldsymbol{A}|=0$ 时 $R(\boldsymbol{A})<n$. 可见可逆矩阵的秩等于矩阵的阶数，不可逆矩阵的秩小于矩阵的阶数. 因此，可逆矩阵又称满秩矩阵，不可逆矩阵（奇异矩阵）又称降秩矩阵.

例 17 求矩阵 $\boldsymbol{A}=\begin{pmatrix}2&-3&8&2\\2&12&-2&12\\1&3&1&4\end{pmatrix}$ 的秩.

解 利用定义 2.19 来计算各阶子式的值.

$\boldsymbol{A}$ 的一个二阶子式 $D=\begin{vmatrix}2&-3\\2&12\end{vmatrix}=30\neq 0$，故 $R(\boldsymbol{A})\geqslant 2$. 而 $\boldsymbol{A}$ 中的三阶子式有 4 个，且均为 0，即

$$\begin{vmatrix}2&-3&8\\2&12&-2\\1&3&1\end{vmatrix}=0,\quad\begin{vmatrix}2&-3&2\\2&12&12\\1&3&4\end{vmatrix}=0$$

$$\begin{vmatrix}2&8&2\\2&-2&12\\1&1&4\end{vmatrix}=0,\quad\begin{vmatrix}-3&8&2\\12&-2&12\\3&1&4\end{vmatrix}=0$$

所以 $R(\boldsymbol{A})=2$.

二、初等变换求矩阵的秩

当矩阵的行数和列数较高时，按定义求秩是不可取的. 由于行阶梯形矩阵的秩就等于其非零行的行数，因此用初等变换求矩阵的秩是否可行？下面的定理对此作出了肯定的回答.

定理2.6　若 $\boldsymbol{A}\sim\boldsymbol{B}$，则 $R(\boldsymbol{A})=R(\boldsymbol{B})$.

证　即证矩阵 $\boldsymbol{A}$ 经有限次初等变换化为矩阵 $\boldsymbol{B}$，有 $R(\boldsymbol{A})=R(\boldsymbol{B})$. 我们只须证明：$\boldsymbol{A}$ 经一次初等变换化为 $\boldsymbol{B}_1$，有 $R(\boldsymbol{A})=R(\boldsymbol{B}_1)$.

设 $R(\boldsymbol{A})=r$，且 $\boldsymbol{A}$ 的某个 r 阶子式 $D\neq0$.

当 $\boldsymbol{A}\xrightarrow{r_i\leftrightarrow r_j}\boldsymbol{B}_1$ 或 $\boldsymbol{A}\xrightarrow{kr_i}\boldsymbol{B}_1$ 时，在 $\boldsymbol{B}_1$ 中总能找到与 D 相对应的 r 阶子式 D_1，由于 $D_1=D$ 或 $D_1=-D$ 或 $D_1=kD$，因此 $D_1\neq0$，从而 $R(\boldsymbol{B}_1)\geqslant r$.

当 $\boldsymbol{A}\xrightarrow{r_i+kr_j}\boldsymbol{B}_1$ 时，因为对于作变换 $r_i\leftrightarrow r_j$ 时结论成立，所以只需考虑 $\boldsymbol{A}\xrightarrow{r_1+kr_2}\boldsymbol{B}_1$ 这一特殊情形. 分两种情形讨论：①$\boldsymbol{A}$ 的 r 阶非零子式 D 不包含 $\boldsymbol{A}$ 的第1行，这时 D 也是 $\boldsymbol{B}_1$ 的 r 阶非零子式，故 $R(\boldsymbol{B}_1)\geqslant r$；②$D$ 包含 $\boldsymbol{A}$ 的第1行，这时把 $\boldsymbol{B}_1$ 中与 D 对应的 r 阶子式 D_1 记作

$$D_1=\begin{vmatrix} r_1+kr_2 \\ r_p \\ \vdots \\ r_q \end{vmatrix}=\begin{vmatrix} r_1 \\ r_p \\ \vdots \\ r_q \end{vmatrix}+k\begin{vmatrix} r_2 \\ r_p \\ \vdots \\ r_q \end{vmatrix}=D+kD_2$$

若 $p=2$，则 $D_1=D\neq0$；若 $p\neq2$，则 D_2 也是 $\boldsymbol{B}_1$ 的 r 阶子式，由 $D_1-kD_2=D\neq0$，知 D_1 与 D_2 不同时为0. 总之，$\boldsymbol{B}_1$ 中存在 r 阶非零子式 $D_1\neq0$ 或 $D_2\neq0$，故 $R(\boldsymbol{B}_1)\geqslant r$.

因此，$\boldsymbol{A}$ 经一次初等行变换化为 $\boldsymbol{B}_1$，有 $R(\boldsymbol{A})\leqslant R(\boldsymbol{B}_1)$. 由于 $\boldsymbol{B}_1$ 亦可经一次初等行变换化为 $\boldsymbol{A}$，故也有 $R(\boldsymbol{B}_1)\leqslant R(\boldsymbol{A})$. 因此 $R(\boldsymbol{A})=R(\boldsymbol{B}_1)$.

设 $\boldsymbol{A}$ 经一次初等列变换化为 $\boldsymbol{B}_1$，则 $\boldsymbol{A}^{\mathrm{T}}$ 经一次初等行变换化为 $\boldsymbol{B}_1^{\mathrm{T}}$，同理可知 $R(\boldsymbol{A}^{\mathrm{T}})=R(\boldsymbol{B}_1^{\mathrm{T}})$，又 $R(\boldsymbol{A})=R(\boldsymbol{A}^{\mathrm{T}})$，$R(\boldsymbol{B}_1)=R(\boldsymbol{B}_1^{\mathrm{T}})$，因此也有 $R(\boldsymbol{A})=R(\boldsymbol{B}_1)$.

上述证明了 $\boldsymbol{A}$ 经一次初等变换化为 $\boldsymbol{B}_1$（即 $\boldsymbol{A}\sim\boldsymbol{B}_1$），有 $R(\boldsymbol{A})=R(\boldsymbol{B}_1)$，即经过一次初等变换矩阵的秩不变，故经过有限次初等变换矩阵的秩仍不变，即若 $\boldsymbol{A}$ 经有限次初等变换化为 $\boldsymbol{B}$（即 $\boldsymbol{A}\sim\boldsymbol{B}$），则 $R(\boldsymbol{A})=R(\boldsymbol{B})$.

由上一节的定理2.4可得下面的推论：

推论1　若存在可逆矩阵 $\boldsymbol{P}$，$\boldsymbol{Q}$，使 $\boldsymbol{PAQ}=\boldsymbol{B}$，则 $R(\boldsymbol{A})=R(\boldsymbol{B})$.

推论2　设 $\boldsymbol{A}$ 为 n 阶可逆矩阵，则 $R(\boldsymbol{A})=n$.

根据定理2.6，求矩阵的秩的问题就转化为用初等行变换化矩阵为行阶梯形矩阵的问题，得到的行阶梯形矩阵中非零行的行数即是该矩阵的秩.

例18　设

$$\boldsymbol{A}=\begin{pmatrix} 1 & 6 & -4 & -1 & 4 \\ 3 & -2 & 3 & 6 & -1 \\ 2 & 0 & 1 & 5 & -3 \\ 3 & 2 & 0 & 5 & 0 \end{pmatrix},$$

求 $\boldsymbol{A}$ 的秩，并求 $\boldsymbol{A}$ 的一个最高阶非零子式.

解　先求矩阵 $\boldsymbol{A}$ 的秩，为此对 $\boldsymbol{A}$ 作初等行变换变成行阶梯形矩阵

$$A=\begin{pmatrix}1&6&-4&-1&4\\3&-2&3&6&-1\\2&0&1&5&-3\\3&2&0&5&0\end{pmatrix}\xrightarrow[r_4-3r_1]{\substack{r_2-r_4\\r_3-2r_1}}\begin{pmatrix}1&6&-4&-1&4\\0&-4&3&1&-1\\0&-12&9&7&-11\\0&-16&12&8&-12\end{pmatrix}$$

$$\xrightarrow[r_4-4r_2]{r_3-3r_2}\begin{pmatrix}1&6&-4&-1&4\\0&-4&3&1&-1\\0&0&0&4&-8\\0&0&0&4&-8\end{pmatrix}\xrightarrow{r_4-r_3}\begin{pmatrix}1&6&-4&-1&4\\0&-4&3&1&-1\\0&0&0&4&-8\\0&0&0&0&0\end{pmatrix}$$

因为行阶梯形矩阵有 3 个非零行，所以 $R(\boldsymbol{A})=3$.

再求 $\boldsymbol{A}$ 的一个最高阶非零子式. 因 $R(\boldsymbol{A})=3$，故 $\boldsymbol{A}$ 的最高阶非零子式为 3 阶. $\boldsymbol{A}$ 的 3 阶子式共有 $C_4^3C_5^3=40$ 个，考察 $\boldsymbol{A}$ 的行阶梯形矩阵，其中非零行的非零首元素在第 1、2、4 列，并注意到对 $\boldsymbol{A}$ 只进行过初等行变换，故可取 $\boldsymbol{A}$ 的子矩阵 $\boldsymbol{C}=\begin{pmatrix}1&6&-1\\3&-2&6\\2&0&5\\3&2&5\end{pmatrix}$，因为 $\boldsymbol{C}$ 的行阶梯形矩阵为 $\begin{pmatrix}1&6&-1\\0&-4&1\\0&0&4\\0&0&0\end{pmatrix}$，可知 $R(\boldsymbol{C})=3$，故 $\boldsymbol{C}$ 中必有 3 阶非零子式，而 $\boldsymbol{C}$ 中的 3 阶子式就只有 4 个（比 $\boldsymbol{A}$ 中的少得多）. 计算 $\boldsymbol{C}$ 的前三行构成的子式

$$\begin{vmatrix}1&6&-1\\3&-2&6\\2&0&5\end{vmatrix}=\begin{vmatrix}1&6&-1\\0&-20&9\\0&-12&7\end{vmatrix}=\begin{vmatrix}-20&9\\-12&7\end{vmatrix}=-4\begin{vmatrix}5&9\\3&7\end{vmatrix}=-32\neq0$$

此子式即为 $\boldsymbol{A}$ 的一个最高阶非零子式.

例 19 设 $\boldsymbol{A}=\begin{pmatrix}1&2&-1&1\\3&2&\lambda&-1\\5&6&3&\mu\end{pmatrix}$，已知 $R(\boldsymbol{A})=2$，求 λ 与 μ 的值.

解 $\boldsymbol{A}\xrightarrow[r_3-5r_1]{r_2-3r_1}\begin{pmatrix}1&2&-1&1\\0&-4&\lambda+3&-4\\0&-4&8&\mu-5\end{pmatrix}\xrightarrow{r_3-r_2}\begin{pmatrix}1&2&-1&1\\0&-4&\lambda+3&-4\\0&0&5-\lambda&\mu-1\end{pmatrix}$

因 $R(\boldsymbol{A})=2$，故有 $\begin{cases}5-\lambda=0\\ \mu-1=0\end{cases}$，即 $\begin{cases}\lambda=5\\ \mu=1\end{cases}$.

三、矩阵秩的性质

前面我们已经提出了矩阵秩的一些最基本的性质，归纳起来有：

(1) $0\leqslant R(\boldsymbol{A}_{m\times n})\leqslant\min\{m,\ n\}$；

(2) $R(\boldsymbol{A}^{\mathrm{T}})=R(\boldsymbol{A})$；

(3) 若 $\boldsymbol{A}\sim\boldsymbol{B}$，则 $R(\boldsymbol{A})=R(\boldsymbol{B})$；

(4) 若 $\boldsymbol{P}$，$\boldsymbol{Q}$ 可逆，则 $R(\boldsymbol{PAQ})=R(\boldsymbol{A})$.

下面再介绍几个常用的矩阵秩的性质：

(5) $\max\{R(\boldsymbol{A}),\ R(\boldsymbol{B})\}\leqslant R(\boldsymbol{A}\vdots\boldsymbol{B})\leqslant R(\boldsymbol{A})+R(\boldsymbol{B})$，特别地，当 $\boldsymbol{B}=\boldsymbol{b}$ 为非零列向量时，有

$$R(\boldsymbol{A})\leqslant R(\boldsymbol{A}\vdots\boldsymbol{b})\leqslant R(\boldsymbol{A})+1$$

证 因为 $\boldsymbol{A}$ 的最高阶非零子式总是 $(\boldsymbol{A}\vdots\boldsymbol{B})$ 的非零子式，所以 $R(\boldsymbol{A})\leqslant R(\boldsymbol{A}\vdots\boldsymbol{B})$. 同理有 $R(\boldsymbol{B})\leqslant R(\boldsymbol{A}\vdots\boldsymbol{B})$. 两式合起来，即为

$$\max\{R(\boldsymbol{A}),\ R(\boldsymbol{B})\}\leqslant R(\boldsymbol{A}\vdots\boldsymbol{B}).$$

设 $R(\boldsymbol{A})=r$，$R(\boldsymbol{B})=t$. 把 $\boldsymbol{A}$ 和 $\boldsymbol{B}$ 分别作列变换化为列阶梯形 $\widetilde{\boldsymbol{A}}$ 和 $\widetilde{\boldsymbol{B}}$，则 $\widetilde{\boldsymbol{A}}$ 和 $\widetilde{\boldsymbol{B}}$ 中分别含 r 个和 t 个非零列，故可设

$$\boldsymbol{A}\sim\widetilde{\boldsymbol{A}}=(\tilde{\boldsymbol{a}}_1,\ \cdots,\ \tilde{\boldsymbol{a}}_r,\ \boldsymbol{0},\ \cdots,\ \boldsymbol{0}),\ \boldsymbol{B}\sim\widetilde{\boldsymbol{B}}=(\tilde{\boldsymbol{b}}_1,\ \cdots,\ \tilde{\boldsymbol{b}}_r,\ \boldsymbol{0},\ \cdots,\ \boldsymbol{0})$$

从而 $(\boldsymbol{A}\vdots\boldsymbol{B})\sim(\widetilde{\boldsymbol{A}}\vdots\widetilde{\boldsymbol{B}})$，由于 $(\widetilde{\boldsymbol{A}}\vdots\widetilde{\boldsymbol{B}})$ 中只含 $r+t$ 个非零列，因此 $\boldsymbol{R}(\widetilde{\boldsymbol{A}}\vdots\widetilde{\boldsymbol{B}})\leqslant r+t$，而 $\boldsymbol{R}(\boldsymbol{A}\vdots\boldsymbol{B})=\boldsymbol{R}(\widetilde{\boldsymbol{A}}\vdots\widetilde{\boldsymbol{B}})$，故 $\boldsymbol{R}(\boldsymbol{A}\vdots\boldsymbol{B})\leqslant r+t$，即

$$R(\boldsymbol{A}\vdots\boldsymbol{B})\leqslant R(\boldsymbol{A})+R(\boldsymbol{B})$$

(6) $R(A+B)\leqslant R(A)+R(B)$.

习题二

1. 计算下列矩阵的乘积.

(1) $\begin{pmatrix}3&-2\\5&-4\end{pmatrix}\begin{pmatrix}3&4\\2&5\end{pmatrix}$　　(2) $\begin{pmatrix}4&3&1\\1&-2&3\\5&7&0\end{pmatrix}\begin{pmatrix}7\\2\\1\end{pmatrix}$

(3) $\begin{pmatrix}1&2&3\\-2&1&2\end{pmatrix}\begin{pmatrix}1&2&0\\0&1&1\\3&0&-1\end{pmatrix}$　　(4) $(1\ \ 2\ \ 3)\begin{pmatrix}3\\2\\1\end{pmatrix}$

(5) $\begin{pmatrix}2\\1\\3\end{pmatrix}(-1\ \ 2\ \ 1)$　　(6) $\begin{pmatrix}2&2&3\\1&-1&0\\-1&2&1\end{pmatrix}$

2. 设 $\boldsymbol{A}=\begin{pmatrix}1&2&1&2\\2&1&2&1\\1&2&3&4\end{pmatrix}$，$\boldsymbol{B}=\begin{pmatrix}4&3&2&1\\-2&1&-2&1\\0&-1&0&-1\end{pmatrix}$，求：

(1) $3\boldsymbol{A}-\boldsymbol{B}$，$2\boldsymbol{A}+3\boldsymbol{B}$；

(2) 若 $\boldsymbol{Y}$ 满足 $(2\boldsymbol{A}-\boldsymbol{Y})+2(\boldsymbol{B}-\boldsymbol{Y})=\boldsymbol{O}$，求 $\boldsymbol{Y}$.

3. 设$\boldsymbol{A}=\begin{pmatrix} x & 0 \\ 7 & y \end{pmatrix}$，$\boldsymbol{B}=\begin{pmatrix} u & 2 \\ y & v \end{pmatrix}$，$\boldsymbol{C}=\begin{pmatrix} 3 & x \\ -4 & v \end{pmatrix}$，且$\boldsymbol{A}+2\boldsymbol{B}-\boldsymbol{C}=\boldsymbol{O}$，求$x$，$y$，$u$，$v$的值.

4. 用矩阵乘法表示连续施行下列线性变换的结果.

$$\begin{cases} x_1=y_1-y_2+2y_3 \\ x_2=y_1+3y_2 \\ x_3=4y_2-y_3 \end{cases},\quad \begin{cases} y_1=z_1+z_3 \\ y_2=2z_2-5z_3 \\ y_3=3z_1+7z_2 \end{cases}$$

5. 已知$\boldsymbol{A}=\begin{pmatrix} 1 & 0 & 3 \\ 0 & 2 & 1 \\ 0 & 0 & 1 \end{pmatrix}$，$\boldsymbol{B}=\begin{pmatrix} 1 & 0 & 0 \\ 0 & 2 & 1 \\ 3 & 0 & 1 \end{pmatrix}$，求：

（1）$3\boldsymbol{AB}-2\boldsymbol{A}$，$\boldsymbol{A}^{\mathrm{T}}\boldsymbol{B}$，$\boldsymbol{AB}$，$\boldsymbol{BA}$；

（2）$(\boldsymbol{A}+\boldsymbol{B})(\boldsymbol{A}-\boldsymbol{B})$，$\boldsymbol{A}^2-\boldsymbol{B}^2$.

6. 计算下列矩阵（其中n为正整数）.

（1）$\begin{pmatrix} 1 & -2 \\ 3 & 4 \end{pmatrix}^3$　　（2）$\begin{pmatrix} 1 & 1 & 1 \\ 0 & 1 & 1 \\ 0 & 0 & 1 \end{pmatrix}^2$

（3）$\begin{pmatrix} 1 & 1 \\ 1 & 1 \end{pmatrix}^n$　　（4）$\begin{pmatrix} a & 0 & 0 \\ 0 & b & 0 \\ 0 & 0 & c \end{pmatrix}^n$

7. 求下列矩阵的逆阵.

（1）$\begin{pmatrix} 2 & 1 \\ 3 & 4 \end{pmatrix}$　　（2）$\begin{pmatrix} \cos\theta & -\sin\theta \\ \sin\theta & \cos\theta \end{pmatrix}$

（3）$\begin{pmatrix} 2 & 2 & 3 \\ 1 & -1 & 0 \\ -1 & 2 & 1 \end{pmatrix}$　　（4）$\begin{pmatrix} a_1 & & & \\ & a_2 & & \\ & & \ddots & \\ & & & a_n \end{pmatrix}$　$(a_i\neq 0,\ i=1,\ 2,\ \cdots,\ n)$

8. 解下列矩阵方程.

（1）$\begin{pmatrix} 2 & 5 \\ 1 & 3 \end{pmatrix}\boldsymbol{X}=\begin{pmatrix} 4 & -6 \\ 2 & 1 \end{pmatrix}$

（2）$\begin{pmatrix} 2 & 1 \\ 1 & 0 \end{pmatrix}\boldsymbol{X}\begin{pmatrix} 1 & 0 \\ 2 & 4 \end{pmatrix}=\begin{pmatrix} 3 & 1 \\ 0 & 2 \end{pmatrix}$

（3）$\boldsymbol{X}\begin{pmatrix} 1 & 1 & -1 \\ 0 & 2 & 2 \\ 1 & -1 & 0 \end{pmatrix}=\begin{pmatrix} 2 & 2 & 0 \\ -4 & 12 & 2 \end{pmatrix}$

（4）$\begin{pmatrix} 0 & 1 & 0 \\ 1 & 0 & 0 \\ 0 & 0 & 1 \end{pmatrix} \boldsymbol{X} \begin{pmatrix} 1 & 0 & 0 \\ 0 & 0 & 1 \\ 0 & 1 & 0 \end{pmatrix} = \begin{pmatrix} 1 & -4 & 3 \\ 2 & 0 & -1 \\ 1 & -2 & 0 \end{pmatrix}$

9. 利用逆阵求下列线性方程组的解.

（1）$\begin{cases} x_1 + 2x_2 + x_3 = 2 \\ -2x_1 + x_2 - x_3 = -1 \\ x_1 \quad 4x_2 + 2x_3 = 3 \end{cases}$　　（2）$\begin{cases} x_1 - x_2 - x_3 = 2 \\ 2x_1 - 2x_2 + x_3 = 0 \\ x_1 + 2x_2 - x_3 = 1 \end{cases}$

10. 设 $\boldsymbol{A} = \begin{pmatrix} 0 & 3 & 3 \\ 1 & 1 & 0 \\ -1 & 2 & 3 \end{pmatrix}$，$\boldsymbol{AB} = \boldsymbol{A} + 2\boldsymbol{B}$，求 $\boldsymbol{B}$.

11. 用初等行变换把下列矩阵化为行最简形矩阵.

（1）$\begin{pmatrix} 1 & 0 & 2 & -1 \\ 2 & 0 & 3 & 1 \\ 3 & 0 & 4 & 3 \end{pmatrix}$　　（2）$\begin{pmatrix} 2 & 3 & 1 & -3 & -7 \\ 1 & 2 & 0 & -2 & -4 \\ 3 & -2 & 8 & 3 & 0 \\ 2 & -3 & 7 & 4 & 3 \end{pmatrix}$

12. 用初等变换判定下列矩阵是否可逆，若可逆，求逆矩阵.

（1）$\begin{pmatrix} 2 & 2 & -1 \\ 1 & -2 & 4 \\ 5 & 8 & 2 \end{pmatrix}$　　（2）$\begin{pmatrix} 1 & 2 & -1 \\ 3 & 4 & -2 \\ 5 & -4 & 1 \end{pmatrix}$

13. 求下列矩阵的秩，并求一个最高阶非零子式.

（1）$\begin{pmatrix} 3 & 2 & -1 & -3 & -1 \\ 2 & -1 & 3 & 1 & -3 \\ 7 & 0 & 5 & -1 & -8 \end{pmatrix}$　　（2）$\begin{pmatrix} 1 & 3 & -1 & -2 \\ 2 & -1 & 2 & 3 \\ 3 & 2 & 1 & 1 \\ 1 & -4 & 3 & 5 \end{pmatrix}$

14. 设 $\boldsymbol{A} = \begin{pmatrix} 1 & -2 & 3k \\ -1 & 2k & -3 \\ k & -2 & 3 \end{pmatrix}$，问 k 为何值，可使

（1）$R(\boldsymbol{A}) = 1$；　　（2）$R(\boldsymbol{A}) = 2$；　　（3）$R(\boldsymbol{A}) = 3$.

第三章　向量组与线性方程组的解

线性方程组在经济领域、工程技术中都有着广泛的应用．第 2 章介绍的矩阵理论，为研究线性方程组及其求解提供了一个有力的工具．本章将先介绍与线性方程组解的结构密切相关的向量的概念、向量组的线性相关性以及向量组的秩，从而引出线性方程组的求解及相关知识．

第一节　向量与向量组

一、向量的概念及运算

定义 3.1　n 个有次序的数 a_1，a_2，…，a_n 所组成的数组称为 n 维向量．这 n 个数称为向量的 n 个分量，第 i 个数 a_i 称为第 i 个分量．

记 n 维列向量（列矩阵）为

$$\boldsymbol{\alpha}=\begin{pmatrix}a_1\\a_2\\\vdots\\a_n\end{pmatrix}$$

n 维行向量（行矩阵）为 $\boldsymbol{\alpha}^{\mathrm{T}}=(a_1,\ a_2,\ \cdots,\ a_n)$．分量全为实数的向量称为实向量，分量全为复数的向量称为复向量，本书只讨论实向量．

列向量通常用 $\boldsymbol{\alpha}$，$\boldsymbol{\beta}$ 等表示，行向量通常用 $\boldsymbol{\alpha}^{\mathrm{T}}$，$\boldsymbol{\beta}^{\mathrm{T}}$ 等表示，如果没有明确说明是行向量还是列向量时，都当作列向量．

几何中，“空间”通常是点的集合，即作为“空间”的元素的点，这样的空间叫作点空间．

例如，三维向量的全体所组成的集合

$$\mathbf{R}^3=\{\boldsymbol{r}=(x,\ y,\ z)^{\mathrm{T}}\mid x,\ y,\ z\in\mathbf{R}\}$$

在几何中表达空间的点集，称为三维向量空间．类似地，n 维向量的全体所组成的集合 $\mathbf{R}^n=\{\boldsymbol{r}=(x_1,\ x_2,\ \cdots,\ x_n)^{\mathrm{T}}\mid x_1,\ x_2,\ \cdots,\ x_n\in\mathbf{R}\}$，叫作 n 维向量空间．

二、向量组及其线性组合

若干个同维数的行向量（或者列向量）所组成的集合叫作向量组．下面我们先讨论只含有有限个向量的向量组，以后再把讨论的结果推广到含无线多个向量的向量组.

矩阵的列向量组和行向量组都是只含有有限个向量的向量组；反之，一个含有有限个向量的向量组总可以构成一个矩阵.

例如：一个 $m\times n$ 矩阵 $\boldsymbol{A}=(a_{ij})_{m\times n}$ 有 n 个 m 维列向量，称 $\boldsymbol{\alpha}_1$，$\boldsymbol{\alpha}_2$，…，$\boldsymbol{\alpha}_n$ 为矩阵 $\boldsymbol{A}$ 的列向量组，其中 $\boldsymbol{\alpha}_j=\begin{pmatrix}a_{1j}\\a_{2j}\\\vdots\\a_{mj}\end{pmatrix}$　$(j=1,\ 2,\ \cdots,\ n)$.

反之，n 个 m 维列向量 $\boldsymbol{\alpha}_1$，$\boldsymbol{\alpha}_2$，…，$\boldsymbol{\alpha}_n$ 构成一个 $m\times n$ 矩阵 $\boldsymbol{A}$

$$\boldsymbol{A}=(\boldsymbol{\alpha}_1,\ \boldsymbol{\alpha}_2,\ \cdots,\ \boldsymbol{\alpha}_n)$$

总之，含有限个向量的有序向量组可以与矩阵一一对应.

定义 3.2　给定向量组 A：$\boldsymbol{\alpha}_1$，$\boldsymbol{\alpha}_2$，…，$\boldsymbol{\alpha}_m$，对于任何一组实数，称向量

$$k_1\boldsymbol{\alpha}_1+k_2\boldsymbol{\alpha}_2+\cdots+k_m\boldsymbol{\alpha}_m$$

为向量组 A 的一个线性组合，k_1，k_2，…，k_m 称为这个线性组合的系数.

给定向量组 A：$\boldsymbol{\alpha}_1$，$\boldsymbol{\alpha}_2$，…，$\boldsymbol{\alpha}_m$ 和向量 $\boldsymbol{\beta}$，如果存在一组数 k_1，k_2，…，k_m，使

$$\boldsymbol{\beta}=k_1\boldsymbol{\alpha}_1+k_2\boldsymbol{\alpha}_2+\cdots+k_m\boldsymbol{\alpha}_m$$

则向量 $\boldsymbol{\beta}$ 是向量组 A 的线性组合，这时称向量 $\boldsymbol{\beta}$ 能由向量组 A 线性表示.

第二章中常把线性方程组 $\begin{cases}a_{11}x_1+a_{12}x_2+\cdots+a_{1n}x_n=b_1\\a_{21}x_1+a_{22}x_2+\cdots+a_{2n}x_n=b_2\\\qquad\vdots\\a_{m1}x_1+a_{m2}x_2+\cdots+a_{mn}x_n=b_m\end{cases}$

写成矩阵形式 $\boldsymbol{Ax}=\boldsymbol{b}$，现把方程组写成向量形式

$$x_1\boldsymbol{\alpha}_1+x_2\boldsymbol{\alpha}_2+\cdots+x_n\boldsymbol{\alpha}_n=\boldsymbol{b}$$

可见方程组与列向量组 $\boldsymbol{\alpha}_1$，$\boldsymbol{\alpha}_2$，…，$\boldsymbol{\alpha}_n$，$\boldsymbol{b}$ 之间也有一一对应关系，则向量 $\boldsymbol{b}$ 可以由向量组 A 线性表示，也就是方程组 $x_1\boldsymbol{\alpha}_1+x_2\boldsymbol{\alpha}_2+\cdots+x_n\boldsymbol{\alpha}_n=\boldsymbol{b}$ 有解.

定理 3.1　向量 $\boldsymbol{b}$ 能由向量组 A 线性表示的充分必要条件是矩阵 $\boldsymbol{A}=(\boldsymbol{\alpha}_1,\ \boldsymbol{\alpha}_2,\ \cdots,\ \boldsymbol{\alpha}_n)$ 的秩等于矩阵 $(\boldsymbol{A},\ \boldsymbol{b})=(\boldsymbol{\alpha}_1,\ \boldsymbol{\alpha}_2,\ \cdots,\ \boldsymbol{\alpha}_n,\ \boldsymbol{b})$ 的秩.

矩阵 $(\boldsymbol{A},\ \boldsymbol{b})$ 称为上述线性方程组的增广矩阵，有时也写作 $(\boldsymbol{A}\vdots\boldsymbol{b})$，简记为 $\overline{\boldsymbol{A}}$.

定义 3.3　设有两个向量组 A：$\boldsymbol{\alpha}_1$，$\boldsymbol{\alpha}_2$，…，$\boldsymbol{\alpha}_m$ 及 B：$\boldsymbol{\beta}_1$，$\boldsymbol{\beta}_2$，…，$\boldsymbol{\beta}_s$，若 B 中的每个向量都可以由向量组 A 线性表示，则称向量组 B 能由向量组 A 线性表示. 若向量组 A 与向量组 B 能互相线性表示，则称这两个向量组等价.

记 A：$\boldsymbol{\alpha}_1$，$\boldsymbol{\alpha}_2$，…，$\boldsymbol{\alpha}_m$ 和 B：$\boldsymbol{\beta}_1$，$\boldsymbol{\beta}_2$，…，$\boldsymbol{\beta}_s$，B 能由 A 线性表示，即对每个向量 $\boldsymbol{\beta}_j$ $(j=1,\ 2,\ \cdots,\ s)$ 存在数 k_{1j}，k_{2j}，…，k_{mj}，使

$$\boldsymbol{\beta}_j = k_{1j}\boldsymbol{\alpha}_1 + k_{2j}\boldsymbol{\alpha}_2 + \cdots + k_{mj}\boldsymbol{\alpha}_m = (\boldsymbol{\alpha}_1, \boldsymbol{\alpha}_2, \cdots, \boldsymbol{\alpha}_m)\begin{pmatrix} k_{1j} \\ k_{2j} \\ \vdots \\ k_{mj} \end{pmatrix}$$

从而，$(\boldsymbol{\beta}_1, \boldsymbol{\beta}_2, \cdots, \boldsymbol{\beta}_s) = (\boldsymbol{\alpha}_1, \boldsymbol{\alpha}_2, \cdots, \boldsymbol{\alpha}_m)\begin{pmatrix} k_{11} & k_{12} & \cdots & k_{1s} \\ k_{21} & k_{22} & \cdots & k_{2s} \\ \vdots & \vdots & & \vdots \\ k_{m1} & k_{m2} & \cdots & k_{ms} \end{pmatrix}$

矩阵 $\boldsymbol{K}_{m\times s} = (k_{ij})$ 称为这一线性表示的系数矩阵.

若 $\boldsymbol{C}_{m\times n} = \boldsymbol{A}_{m\times s}\boldsymbol{B}_{s\times n}$，则矩阵 $\boldsymbol{C}$ 的列向量组能由矩阵 $\boldsymbol{A}$ 的列向量组线性表示，$\boldsymbol{B}$ 为这一表示的系数矩阵，即

$$(\boldsymbol{c}_1, \boldsymbol{c}_2, \cdots, \boldsymbol{c}_n) = (\boldsymbol{\alpha}_1, \boldsymbol{\alpha}_2, \cdots, \boldsymbol{\alpha}_s)\begin{pmatrix} b_{11} & b_{12} & \cdots & b_{1n} \\ b_{21} & b_{22} & \cdots & b_{2n} \\ \vdots & \vdots & & \vdots \\ b_{m1} & b_{m2} & \cdots & b_{mn} \end{pmatrix}$$

同时，$\boldsymbol{C}$ 的行向量能由 $\boldsymbol{B}$ 的行向量组线性表示，$\boldsymbol{A}$ 为这一表示的系数矩阵，即

$$\begin{pmatrix} r_1^{\mathrm{T}} \\ r_2^{\mathrm{T}} \\ \vdots \\ r_m^{\mathrm{T}} \end{pmatrix} = \begin{pmatrix} a_{11} & a_{12} & \cdots & a_{1s} \\ a_{21} & a_{22} & \cdots & a_{2s} \\ \vdots & \vdots & & \vdots \\ a_{m1} & a_{m2} & \cdots & a_{ms} \end{pmatrix}\begin{pmatrix} \beta_1^{\mathrm{T}} \\ \beta_2^{\mathrm{T}} \\ \vdots \\ \beta_s^{\mathrm{T}} \end{pmatrix}$$

设矩阵 $\boldsymbol{A}$ 经初等行变换变成 $\boldsymbol{B}$，则 $\boldsymbol{B}$ 的每个行向量都是 $\boldsymbol{A}$ 的行向量组的线性组合，即 $\boldsymbol{B}$ 的行向量组能由 $\boldsymbol{A}$ 的行向量组线性表示. 由初等变换可逆性可知，$\boldsymbol{A}$ 的行向量组能由 $\boldsymbol{B}$ 的行向量组线性表示，于是 $\boldsymbol{A}$ 的行向量组与 $\boldsymbol{B}$ 的行向量组等价.

类似，若矩阵 $\boldsymbol{A}$ 经初等列变换变成 $\boldsymbol{B}$，则 $\boldsymbol{A}$ 的列向量组与 $\boldsymbol{B}$ 的列向量组等价.

推论　向量组之间的等价是一个等价关系，即满足下面三条性质：

（1）反身性：$A \sim A$；

（2）对称性：若 $A \sim B$，则 $B \sim A$；

（3）传递性：若 $A \sim B$，$B \sim C$，则 $A \sim C$.

第二节　向量组的线性相关性

定义 3.4　给定向量组 A：$\boldsymbol{\alpha}_1, \boldsymbol{\alpha}_2, \cdots, \boldsymbol{\alpha}_m$，如果存在不全为零的一组数 $k_1, k_2, \cdots, k_m$，使得

$$k_1\boldsymbol{\alpha}_1 + k_2\boldsymbol{\alpha}_2 + \cdots + k_m\boldsymbol{\alpha}_m = \boldsymbol{0}$$

则称向量组 A 是线性相关的，否则称为线性无关.

注意：

1. 若 $\boldsymbol{\alpha}_1$，$\boldsymbol{\alpha}_2$，…，$\boldsymbol{\alpha}_m$ 线性无关，则只有当 $k_1=k_2=\cdots k_m=0$ 时，才有

$$k_1\boldsymbol{\alpha}_1+k_2\boldsymbol{\alpha}_2+\cdots+k_m\boldsymbol{\alpha}_m=\mathbf{0}$$

成立.

2. 对于任一向量组，不是线性无关就是线性相关.

3. 向量组只包含一个向量 $\boldsymbol{\alpha}$ 时，则

(1) $\boldsymbol{\alpha}$ 线性相关$\Leftrightarrow\boldsymbol{\alpha}=\mathbf{0}$；

(2) $\boldsymbol{\alpha}$ 线性无关$\Leftrightarrow\boldsymbol{\alpha}\neq\mathbf{0}$.

4. 包含零向量的向量组是线性相关的.

5. 两个非零向量线性相关的充要条件是它们的分量对应成比例. 两个非零向量线性相关的几何意义是它们共线，而三个非零向量线性相关的几何意义是它们共面.

定理 3.2　向量组 A：$\boldsymbol{\alpha}_1$，$\boldsymbol{\alpha}_2$，…，$\boldsymbol{\alpha}_m$ $(m\geqslant 2)$ 线性相关的充分必要条件是向量组 A：$\boldsymbol{\alpha}_1$，$\boldsymbol{\alpha}_2$，…，$\boldsymbol{\alpha}_m$ 中至少有一个向量可由其余 $m-1$ 个向量线性表示.

证明　充分性：

设 A：$\boldsymbol{\alpha}_1$，$\boldsymbol{\alpha}_2$，…，$\boldsymbol{\alpha}_m$ 中至少有一个向量可由其余 $m-1$ 个向量线性表示，不妨设 $\boldsymbol{\alpha}_m$ 可被其余线性表示，即 $\boldsymbol{\alpha}_m=k_1\boldsymbol{\alpha}_1+k_2\boldsymbol{\alpha}_2+\cdots+k_{m-1}\boldsymbol{\alpha}_{m-1}$，从而有

$$k_1\boldsymbol{\alpha}_1+k_2\boldsymbol{\alpha}_2+\cdots+k_{m-1}\boldsymbol{\alpha}_{m-1}-\boldsymbol{\alpha}_m=\mathbf{0}$$

故 $\boldsymbol{\alpha}_1$，$\boldsymbol{\alpha}_2$，…，$\boldsymbol{\alpha}_m$ 线性相关.

必要性：

设 $\boldsymbol{\alpha}_1$，$\boldsymbol{\alpha}_2$，…，$\boldsymbol{\alpha}_m$ 线性相关，则存在不全为零的一组数 k_1，k_2，…，k_m，使得

$$k_1\boldsymbol{\alpha}_1+k_2\boldsymbol{\alpha}_2+\cdots+k_m\boldsymbol{\alpha}_m=\mathbf{0}$$

不妨设 $k_1\neq 0$，则 $\boldsymbol{\alpha}_1=\left(-\dfrac{k_2}{k_1}\right)\boldsymbol{\alpha}_2+\left(-\dfrac{k_3}{k_1}\right)\boldsymbol{\alpha}_3+\cdots+\left(-\dfrac{k_m}{k_1}\right)\boldsymbol{\alpha}_m$，即 $\boldsymbol{\alpha}_1$ 可被其余向量线性表示.

定理 3.3　向量组 A：$\boldsymbol{\alpha}_1$，$\boldsymbol{\alpha}_2$，…，$\boldsymbol{\alpha}_m$ 线性相关的充分必要条件是矩阵 $\boldsymbol{A}=(\boldsymbol{\alpha}_1,\boldsymbol{\alpha}_2,\cdots,\boldsymbol{\alpha}_m)$ 的秩小于向量的个数 m，即 $R(\boldsymbol{A})<m$；向量组 A 线性无关的充分必要条件是 $R(\boldsymbol{A})=m$.

推论　向量组 A：$\boldsymbol{\alpha}_1$，$\boldsymbol{\alpha}_2$，…，$\boldsymbol{\alpha}_m$ 线性相关的充要条件是以矩阵 $\boldsymbol{A}=(\boldsymbol{\alpha}_1,\boldsymbol{\alpha}_2,\cdots,\boldsymbol{\alpha}_m)$ 为系数矩阵的齐次线性方程组 $\boldsymbol{Ax}=\mathbf{0}$ 有非零解，向量组 A 线性无关的充要条件是 $\boldsymbol{Ax}=0$ 只有零解.

例 1　n 维向量组

$$\boldsymbol{\varepsilon}_1=\begin{pmatrix}1\\0\\\vdots\\0\end{pmatrix},\ \boldsymbol{\varepsilon}_2=\begin{pmatrix}0\\1\\\vdots\\0\end{pmatrix},\ \cdots,\ \boldsymbol{\varepsilon}_n=\begin{pmatrix}0\\0\\\vdots\\1\end{pmatrix}$$

称为 n 维单位向量组，讨论其线性相关性.

解 n 维单位向量组所构成的矩阵

$$E=(\varepsilon_1,\ \varepsilon_2,\ \cdots,\ \varepsilon_n)$$

是 n 阶单位矩阵，而 $R(E)=n$，即 $R(E)$ 等于向量的个数 n，所以由定理 3.3 知此向量组线性无关.

例 2 已知

$$\alpha_1=\begin{pmatrix}1\\1\\0\end{pmatrix},\ \alpha_2=\begin{pmatrix}-1\\1\\2\end{pmatrix},\ \alpha_3=\begin{pmatrix}1\\3\\2\end{pmatrix}$$

讨论向量组 α_1，α_2，α_3 的线性关系.

解 $A=(\alpha_1,\ \alpha_2,\ \alpha_3)=\begin{pmatrix}1&-1&1\\1&1&3\\0&2&2\end{pmatrix}\xrightarrow{r_2-r_1}\begin{pmatrix}1&-1&1\\0&2&2\\0&2&2\end{pmatrix}\xrightarrow{r_3-r_2}\begin{pmatrix}1&-1&1\\0&2&2\\0&0&0\end{pmatrix}$

可见 $R(A)=2<3$，所以向量组 α_1，α_2，α_3 线性相关.

例 3 已知向量组 α_1，α_2，α_3 线性无关，且

$$\beta_1=\alpha_1+\alpha_2,\ \beta_2=\alpha_2+\alpha_3,\ \beta_3=\alpha_3+\alpha_1$$

试证向量组 β_1，β_2，β_3 线性无关.

证明 设有 k_1，k_2，k_3，使

$$k_1\beta_1+k_2\beta_2+k_3\beta_3=\mathbf{0}$$

即

$$k_1(\alpha_1+\alpha_2)+k_2(\alpha_2+\alpha_3)+k_3(\alpha_3+\alpha_1)=\mathbf{0}$$
$$(k_1+k_3)\alpha_1+(k_1+k_2)\alpha_2+(k_2+k_3)\ \alpha_3=\mathbf{0}$$

因 α_1，α_2，α_3 线性无关，所以有

$$\begin{cases}k_1+k_3=0\\k_1+k_2=0\\k_2+k_3=0\end{cases}$$

解此方程组，易知只有唯一的零解 $k_1=0$，$k_2=0$，$k_3=0$，所以向量组 β_1，β_2，β_3 线性无关.

定理 3.4 （1）若向量组 A：α_1，α_2，$\cdots$，α_m 线性相关，则向量组 B：α_1，α_2，$\cdots$，α_m，α_{m+1} 也线性相关；反之，如果向量组 B 线性无关，则向量组 A 也线性无关.

（2）设

$$\alpha_j=\begin{pmatrix}a_{1j}\\a_{2j}\\\vdots\\a_{rj}\end{pmatrix},\ \beta_j=\begin{pmatrix}a_{1j}\\a_{2j}\\\vdots\\a_{rj}\\a_{r+1,j}\end{pmatrix}\quad(j=1,\ 2,\ \cdots,\ m)$$

若向量组 A：$\boldsymbol{\alpha}_1$，$\boldsymbol{\alpha}_2$，…，$\boldsymbol{\alpha}_m$ 线性无关，则向量组 B：$\boldsymbol{\beta}_1$，$\boldsymbol{\beta}_2$，…，$\boldsymbol{\beta}_m$ 也线性无关；反之，若向量组 B 线性相关，则若向量组 A 也线性相关.

（3）m 个 n 维列向量所成的向量组，当维数 n 小于向量的个数 m 时一定线性相关.

（4）设向量组 A：$\boldsymbol{\alpha}_1$，$\boldsymbol{\alpha}_2$，…，$\boldsymbol{\alpha}_m$ 线性无关，而向量组 B：$\boldsymbol{\alpha}_1$，$\boldsymbol{\alpha}_2$，…，$\boldsymbol{\alpha}_m$，$\boldsymbol{\beta}$ 线性相关，则向量 $\boldsymbol{\beta}$ 必能由向量组 A：$\boldsymbol{\alpha}_1$，$\boldsymbol{\alpha}_2$，…，$\boldsymbol{\alpha}_m$ 线性表示，且表示式唯一.

这些结论都可以由定理 3.3 证明.

第三节　向量组的秩

定义 3.5　设有向量组 A，如果在 A 中能选出 r 个向量 $\boldsymbol{\alpha}_1$，$\boldsymbol{\alpha}_2$，…，$\boldsymbol{\alpha}_r$，满足

（1）向量组 A_0：$\boldsymbol{\alpha}_1$，$\boldsymbol{\alpha}_2$，…，$\boldsymbol{\alpha}_r$ 线性无关；

（2）向量组 A 中任意 $r+1$ 个向量（如果 A 中有 $r+1$ 个向量的话）都是线性相关的，那么称 A_0 是向量组 A 的一个最大线性无关部分组（简称最大无关组）；最大无关组所含向量的个数 r 称为向量组 A 的秩，记作 $R(A)$.

注：规定只含零向量的向量组的秩为 0.

对于只含有限个向量的向量组 A：$\boldsymbol{\alpha}_1$，$\boldsymbol{\alpha}_2$，…，$\boldsymbol{\alpha}_m$，它可以构成矩阵 $\boldsymbol{A}=(\boldsymbol{\alpha}_1, \boldsymbol{\alpha}_2, \cdots, \boldsymbol{\alpha}_m)$. 把定义 3.5 与第二章中矩阵的最高阶非零子式及矩阵的秩的定义做比较，既有如下结论：

定理 3.5　矩阵的秩等于它的列向量组的秩，也等于它的行向量组的秩

证明　设 $\boldsymbol{A}=(\boldsymbol{\alpha}_1, \boldsymbol{\alpha}_2, \cdots, \boldsymbol{\alpha}_m)$，$R(\boldsymbol{A})=r$，并设 r 阶子式 $D_r\neq 0$. 根据定理 3.3，由 $D_r\neq 0$ 知 D_r 所在的 r 列线性无关；由 $\boldsymbol{A}$ 中所有的 $r+1$ 阶子式都为 0，所以 A 中任意 $r+1$ 个列向量组都线性相关. 因此，D_r 所在的 r 列是 $\boldsymbol{A}$ 的列向量组的一个最大无关组，所以 $\boldsymbol{A}$ 的列向量组的秩是 r. 类似可证 $\boldsymbol{A}$ 的行向量组的秩也等于 $R(\boldsymbol{A})$.

今后记向量组 $\boldsymbol{\alpha}_1$，$\boldsymbol{\alpha}_2$，…，$\boldsymbol{\alpha}_m$ 的秩为 $R(\boldsymbol{\alpha}_1, \boldsymbol{\alpha}_2, \cdots, \boldsymbol{\alpha}_m)$.

例 4　全体 n 维向量构成的向量组记为 $\boldsymbol{R}^n$，求 $\boldsymbol{R}^n$ 的一个最大无关组及 $\boldsymbol{R}^n$ 的秩.

解　我们在前面证明了 n 维单位向量构成的向量组 E：$\boldsymbol{\varepsilon}_1$，$\boldsymbol{\varepsilon}_2$，…，$\boldsymbol{\varepsilon}_n$ 是线性无关的，又根据定理 3.4 的结论（3），$\boldsymbol{R}^n$ 中任意 $n+1$ 个向量都线性相关，所以向量组 E 是 $\boldsymbol{R}^n$ 的一个最大无关组，且 $\boldsymbol{R}^n$ 的秩为 n.

推论　设有向量组 A_0：$\boldsymbol{\alpha}_1$，$\boldsymbol{\alpha}_2$，…，$\boldsymbol{\alpha}_r$ 是向量组 A 的一个部分组，且满足

（1）向量组 A_0：$\boldsymbol{\alpha}_1$，$\boldsymbol{\alpha}_2$，…，$\boldsymbol{\alpha}_r$ 线性无关；

（2）向量组 A 中任一个向量都能由向量组 A_0 线性表示，那么向量组 A_0 便是向量组 A 的一个最大无关组.

注意：

（1）最大无关组不唯一；

（2）向量组与它的最大无关组是等价的.

例 5 设矩阵

$$A=\begin{pmatrix}1 & 2 & 2 & 1\\2 & 1 & -2 & -2\\1 & -1 & -4 & -3\end{pmatrix}$$

求矩阵 $\boldsymbol{A}$ 的列向量组的一个最大无关组，并把不属于最大无关组的列向量用最大无关组线性表示.

解 对 $\boldsymbol{A}$ 施行初等行变换，化为行阶梯形矩阵

$$A=\begin{pmatrix}1 & 2 & 2 & 1\\2 & 1 & -2 & -2\\1 & -1 & -4 & -3\end{pmatrix}\xrightarrow[r_3-r_1]{r_2-2r_1}\begin{pmatrix}1 & 2 & 2 & 1\\0 & -3 & -6 & -4\\0 & -3 & -6 & -4\end{pmatrix}\xrightarrow[-\frac{1}{3}r_2]{r_3-r_2}\begin{pmatrix}1 & 2 & 2 & 1\\0 & 1 & 2 & \frac{4}{3}\\0 & 0 & 0 & 0\end{pmatrix}$$

可知 $R(\boldsymbol{A})=2$，故 $\boldsymbol{A}$ 的最大无关组中所含向量的个数为 2，而两个非零行的首非零元在第 1、2 列，故 $\boldsymbol{\alpha}_1$，$\boldsymbol{\alpha}_2$ 为列向量组的一个最大无关组，现在将 $\boldsymbol{\alpha}_3$，$\boldsymbol{\alpha}_4$ 用 $\boldsymbol{\alpha}_1$，$\boldsymbol{\alpha}_2$ 线性表示，继续将 $\boldsymbol{A}$ 化为行最简形矩阵

$$A\to\begin{pmatrix}1 & 2 & 2 & 1\\0 & 1 & 2 & \frac{4}{3}\\0 & 0 & 0 & 0\end{pmatrix}\xrightarrow{r_1-2r_2}\begin{pmatrix}1 & 0 & -2 & -\frac{5}{3}\\0 & 1 & 2 & \frac{4}{3}\\0 & 0 & 0 & 0\end{pmatrix}$$

即得

$$\alpha_3=-2\alpha_1+2\alpha_2$$
$$\alpha_4=-\frac{5}{3}\alpha_1+\frac{4}{3}\alpha_2$$

定理 3.6 设向量组 B 能由向量组 A 线性表示，则向量组 B 的秩不大于向量组 A 的秩.

推论 1 等价的向量组的秩相等.

推论 2 设 $\boldsymbol{C}_{m\times n}=\boldsymbol{A}_{m\times s}\boldsymbol{B}_{s\times n}$，则 $R(\boldsymbol{C})\leqslant R(\boldsymbol{A})$，$R(\boldsymbol{C})\leqslant R(\boldsymbol{B})$.

推论 3 （最大无关组的等价定义）设向量组 B 是向量组 A 的部分组，若向量组 B 线性无关，且向量组 A 可由向量组 B 线性表示，则向量组 B 是向量组 A 的一个最大无关组.

例 6 已知

$$(\boldsymbol{\alpha}_1,\ \boldsymbol{\alpha}_2)=\begin{pmatrix}2 & 3\\0 & -2\\-1 & 1\\3 & -1\end{pmatrix},\ (\boldsymbol{\beta}_1,\ \boldsymbol{\beta}_2)=\begin{pmatrix}-5 & 4\\6 & -4\\-5 & 3\\9 & -5\end{pmatrix}$$

证明向量组 $\boldsymbol{\alpha}_1$，$\boldsymbol{\alpha}_2$ 与 $\boldsymbol{\beta}_1$，$\boldsymbol{\beta}_2$ 等价

证明

方法一：即证存在 2 阶方阵 $\boldsymbol{X}$，$\boldsymbol{Y}$，使

$$(\boldsymbol{\beta}_1, \boldsymbol{\beta}_2) = (\boldsymbol{\alpha}_1, \boldsymbol{\alpha}_2)\boldsymbol{X},\ (\boldsymbol{\alpha}_1, \boldsymbol{\alpha}_2) = (\boldsymbol{\beta}_1, \boldsymbol{\beta}_2)Y$$

先求 $\boldsymbol{X}$，类似线性方程组求解的方法，对增广矩阵（$\boldsymbol{\alpha}_1$，$\boldsymbol{\alpha}_2$，$\boldsymbol{\beta}_1$，$\boldsymbol{\beta}_2$）施行初等行变换化为行最简形矩阵：

$$(\boldsymbol{\alpha}_1, \boldsymbol{\alpha}_2, \boldsymbol{\beta}_1, \boldsymbol{\beta}_2) = \begin{pmatrix} 2 & 3 & -5 & 4 \\ 0 & -2 & 6 & -4 \\ -1 & 1 & -5 & 3 \\ 3 & -1 & 9 & -5 \end{pmatrix} \xrightarrow[\substack{r_3+2r_1 \\ r_4+3r_1}]{r_1 \leftrightarrow r_3} \begin{pmatrix} -1 & 1 & -5 & 3 \\ 0 & -2 & 6 & -4 \\ 0 & 5 & -15 & 10 \\ 0 & 2 & -6 & 4 \end{pmatrix}$$

$$\xrightarrow[\substack{r_4+r_2 \\ -\frac{1}{2}r_2}]{r_3+\frac{5}{2}r_2} \begin{pmatrix} -1 & 1 & -5 & 3 \\ 0 & 1 & -3 & 2 \\ 0 & 0 & 0 & 0 \\ 0 & 0 & 0 & 0 \end{pmatrix} \xrightarrow{r_2 - r_1} \begin{pmatrix} 1 & 0 & 2 & -1 \\ 0 & 1 & -3 & 2 \\ 0 & 0 & 0 & 0 \\ 0 & 0 & 0 & 0 \end{pmatrix}$$

即得

$$\boldsymbol{X} = \begin{pmatrix} 2 & -1 \\ -3 & 2 \end{pmatrix}$$

因为 $|\boldsymbol{X}| \neq 0$，所以 $\boldsymbol{X}$ 可逆，取 $\boldsymbol{Y} = \boldsymbol{X}^{-1}$ 即为所求. 因此，向量组 $\boldsymbol{\alpha}_1$，$\boldsymbol{\alpha}_2$ 与 $\boldsymbol{\beta}_1$，$\boldsymbol{\beta}_2$ 等价.

方法二：显然 $\boldsymbol{\alpha}_1$，$\boldsymbol{\alpha}_2$ 线性无关，$\boldsymbol{\beta}_1$，$\boldsymbol{\beta}_2$ 也线性无关，而

$$(\boldsymbol{\alpha}_1, \boldsymbol{\alpha}_2, \boldsymbol{\beta}_1, \boldsymbol{\beta}_2) \sim \begin{pmatrix} 1 & 0 & 2 & -1 \\ 0 & 1 & -3 & 2 \\ 0 & 0 & 0 & 0 \\ 0 & 0 & 0 & 0 \end{pmatrix}$$

即 $R(\boldsymbol{\alpha}_1, \boldsymbol{\alpha}_2, \boldsymbol{\beta}_1, \boldsymbol{\beta}_2) = 2$，因此，$\boldsymbol{\alpha}_1$，$\boldsymbol{\alpha}_2$ 与 $\boldsymbol{\beta}_1$，$\boldsymbol{\beta}_2$ 都是向量组 $\boldsymbol{\alpha}_1$，$\boldsymbol{\alpha}_2$，$\boldsymbol{\beta}_1$，$\boldsymbol{\beta}_2$ 的最大无关组，所以向量组 $\boldsymbol{\alpha}_1$，$\boldsymbol{\alpha}_2$ 与 $\boldsymbol{\beta}_1$，$\boldsymbol{\beta}_2$ 等价.

第四节　线性方程组的解

一、求解线性方程组

对于线性方程组

$$\begin{cases} a_{11}x_1 + a_{12}x_2 + \cdots + a_{1n}x_n = b_1 \\ a_{21}x_1 + a_{22}x_2 + \cdots + a_{2n}x_n = b_2 \\ \qquad \vdots \\ a_{m1}x_1 + a_{m2}x_2 + \cdots + a_{mn}x_n = b_m \end{cases} \tag{3-1}$$

或
$$\boldsymbol{Ax}=\boldsymbol{b}$$
在中学我们用消元法求解方程组，它的基本思想是想通过减少未知量的个数把方程组化成容易求解的同解方程组.

引例　求解下列线性方程组.

$$\begin{cases}2x_1-x_2-x_3+x_4=2\\x_1+x_2-2x_3+x_4=4\\4x_1-6x_2+2x_3-2x_4=4\\3x_1+6x_2-9x_3+7x_4=9\end{cases}$$

解　原方程组$\Rightarrow\begin{cases}x_1+x_2-2x_3+x_4=4\\2x_1-x_2-x_3+x_4=2\\2x_1-3x_2+x_3-x_4=2\\3x_1+6x_2-9x_3+7x_4=9\end{cases}\Rightarrow\begin{cases}x_1+x_2-2x_3+x_4=4\\2x_2-2x_3+2x_4=0\\-5x_2+5x_3-3x_4=-6\\3x_2-3x_3+4x_4=-3\end{cases}$

$\Rightarrow\begin{cases}x_1+x_2-2x_3+x_4=4\\x_2-x_3+x_4=0\\2x_4=-6\\x_4=-3\end{cases}\Rightarrow\begin{cases}x_1+x_2-2x_3+x_4=4\\x_2-x_3+x_4=4\\x_4=-3\\0=0\end{cases}$

于是得解$\begin{cases}x_1=x_3+4\\x_2=x_3+3\\x_4=-3\end{cases}$，其中 x_3 为自由未知量.

若令 $x_3=c$，方程组的解可记作 $x=\begin{pmatrix}x_1\\x_2\\x_3\\x_4\end{pmatrix}=\begin{pmatrix}c+4\\c+3\\c\\-3\end{pmatrix}$，即 $x=c\begin{pmatrix}1\\1\\1\\0\end{pmatrix}+\begin{pmatrix}4\\3\\0\\-3\end{pmatrix}$，其中 c 为任意常数.

小结：

1. 上述解方程组的方法称为高斯消元法.
2. 始终把方程组看作一个整体变形，用到如下三种变换：

（1）交换方程次序；

（2）以不等于 0 的数乘某个方程；

（3）一个方程加上另一个方程的 k 倍.

3. 上述三种变换都是可逆的，所以变换前的方程组与变换后的方程组是同解的，即这三种变换是同解变换. 因为在上述变换过程中，仅仅只对方程组的系数和常数进行运算，未知量并未参与运算.

在上例中，若记

$$B=(A\vdots b)=\begin{pmatrix}2&-1&-1&1&\vdots&2\\1&1&-2&1&\vdots&4\\4&-6&2&-2&\vdots&4\\3&6&-9&7&\vdots&9\end{pmatrix}$$

则对方程组的变换完全可以转换为对矩阵 $\boldsymbol{B}$（即方程组的增广矩阵）做初等行变换来表示. 即

$$B=(A\vdots b)=\begin{pmatrix}2&-1&-1&1&\vdots&2\\1&1&-2&1&\vdots&4\\4&-6&2&-2&\vdots&4\\3&6&-9&7&\vdots&9\end{pmatrix}\rightarrow\begin{pmatrix}1&0&-1&0&\vdots&4\\0&1&-1&0&\vdots&3\\0&0&0&1&\vdots&-3\\0&0&0&0&\vdots&0\end{pmatrix}$$

于是得解$\begin{cases}x_1=x_3+4\\x_2=x_3+3\\x_4=-3\end{cases}$,其中 x_3 为自由未知量.

一般地，假设线性方程组的增广矩阵经初等行变换，化为如下的行最简形阶梯矩阵：

$$B=(A\vdots b)\rightarrow\begin{pmatrix}1&0&\cdots&0&c_{11}&\cdots&c_{1,n-r}&d_1\\0&1&\cdots&0&c_{21}&\cdots&c_{2,n-r}&d_2\\\vdots&\vdots&&\vdots&\vdots&&\vdots&\\0&0&\cdots&1&c_{r1}&\cdots&c_{r,n-r}&d_r\\0&0&\cdots&0&0&\cdots&0&d_{r+1}\\0&0&\cdots&0&0&\cdots&0&0\\\vdots&\vdots&&\vdots&\vdots&&\vdots&\\0&0&\cdots&0&0&\cdots&0&0\end{pmatrix}$$

则相对应的线性方程组为

$$\begin{cases}x_1+0\cdot x_2+\cdots+0\cdot x_r+c_{11}x_{r+1}+\cdots+c_{1,n-r}x_n=d_1\\ \qquad x_2+\cdots+0\cdot x_r+c_{21}x_{r+1}+\cdots+c_{2,n-r}x_n=d_2\\ \qquad\vdots\\ \qquad x_r+c_{r1}x_{r+1}+\cdots+c_{r,n-r}x_n=d_r\\ \qquad 0=d_{r+1}\end{cases}\tag{3-2}$$

显然，方程组（3－1）与（3－2）为同解方程. 由（3－2）可以直接得到如下结论：

（1）当 $d_{r+1}\neq0$ 时，方程组（3－2）无解. 从矩阵秩的角度来看，即 $R(\boldsymbol{B})>R(\boldsymbol{A})$.

（2）方程组（3－2）有解当且仅当 $d_{r+1}=0$. 从矩阵秩的角度来看，即为 $R(\boldsymbol{B})=R(\boldsymbol{A})$. 所以方程组（3－1）有解的充要条件为$R(\boldsymbol{B})=R(\boldsymbol{A})$.

（3）当方程组有解（即 $d_{r+1}=0$ 或 $R(\boldsymbol{B})=R(\boldsymbol{A})$）时，又分两种情况：

①若 $r=n$，即系数矩阵的秩＝增广矩阵的秩＝未知量的个数，则方程组有唯一解：

$$x_1=d_1,\ x_2=d_2,\ \cdots,\ x_n=d_n$$

②若 $r<n$，即系数矩阵的秩＝增广矩阵的秩＜未知量的个数，则 x_{r+1}，x_{r+2}，…，x_n 作为自由未知量，方程组有无穷多组解.

当（3-1）为齐次线性方程组时，即 $b_1=b_2=\cdots=b_m=0$，则有 $d_1=d_2=\cdots=d_r=d_{r+1}=0$，此时 $R(\boldsymbol{B})=R(\boldsymbol{A})$，进而得到以下结论：

（4）若 $r=n$，即系数矩阵的秩 = 未知量的个数，则齐次方程组只有零解.

（5）若 $r<n$，即系数矩阵的秩 < 未知量的个数，则齐次方程组有无穷多组非零解.

定理 3.7 n 元齐次线性方程组 $\boldsymbol{A}_{m\times n}\boldsymbol{x}=\boldsymbol{0}$ 有非零的充分必要条件是系数矩阵的秩 $R(\boldsymbol{A})<n$.

$R(\boldsymbol{A})=n\Leftrightarrow\boldsymbol{Ax}=\boldsymbol{0}$ 只有零解；

$R(\boldsymbol{A})<n\Leftrightarrow\boldsymbol{Ax}=\boldsymbol{0}$ 有非零解.

定理 3.8 n 元非元齐次线性方程组 $\boldsymbol{A}_{m\times n}\boldsymbol{x}=\boldsymbol{b}$ 有解的充分必要条件是系数矩阵 $\boldsymbol{A}$ 的秩等于增广矩阵 $\boldsymbol{B}=(\boldsymbol{A}\vdots\boldsymbol{b})$ 的秩.

$R(\boldsymbol{A})=R(\boldsymbol{B})=n\Leftrightarrow\boldsymbol{Ax}=\boldsymbol{b}$ 有唯一解；

$R(\boldsymbol{A})=R(\boldsymbol{B})<n\Leftrightarrow\boldsymbol{Ax}=\boldsymbol{b}$ 有无穷多解.

例 7 求解下列齐次线性方程组.

$$\begin{cases}x_1+2x_2+2x_3+x_4=0\\2x_1+x_2-2x_3-2x_4=0\\x_1-x_2-4x_3-3x_4=0\end{cases}$$

解 对系数矩阵 $\boldsymbol{A}$ 施行初等行变换，化为行最简形矩阵：

$$\boldsymbol{A}=\begin{pmatrix}1&2&2&1\\2&1&-2&-2\\1&-1&-4&-3\end{pmatrix}\xrightarrow[r_3-r_1]{r_2-2r_1}\begin{pmatrix}1&2&2&1\\0&-3&-6&-4\\0&-3&-6&-4\end{pmatrix}$$

$$\xrightarrow[-\frac{1}{3}r_2]{r_3-r_2}\begin{pmatrix}1&2&2&1\\0&1&2&\frac{4}{3}\\0&0&0&0\end{pmatrix}\xrightarrow{r_1-2r_2}\begin{pmatrix}1&0&-2&-\frac{5}{3}\\0&1&2&\frac{4}{3}\\0&0&0&0\end{pmatrix}$$

由此可得与原方程组同解的方程组

$$\begin{cases}x_1=2x_3+\dfrac{5}{3}x_4\\x_2=-2x_3-\dfrac{4}{3}x_4\end{cases}\quad（x_3，x_4\text{ 为自由未知量}）$$

令 $x_3=c_1$，$x_4=c_2$，即得

$$\begin{cases}x_1=2c_1+\dfrac{5}{3}c_2\\x_2=-2c_1-\dfrac{4}{3}c_2\\x_3=c_1\\x_4=c_2\end{cases}$$

其中 c_1，c_2 为任意常数，写成向量形式为

$$\begin{pmatrix} x_1 \\ x_2 \\ x_3 \\ x_4 \end{pmatrix} = \begin{pmatrix} 2c_1 + \frac{5}{3}c_2 \\ -2c_1 - \frac{4}{3}c_2 \\ c_1 \\ c_2 \end{pmatrix} = c_1 \begin{pmatrix} 2 \\ -2 \\ 1 \\ 0 \end{pmatrix} + c_2 \begin{pmatrix} \frac{5}{3} \\ -\frac{4}{3} \\ 0 \\ 1 \end{pmatrix}$$

例 8　求解下列非齐次线性方程组.

$$\begin{cases} x_1 + x_2 - x_3 = 1 \\ 2x_1 + 3x_2 - 3x_3 = 3 \\ x_1 - 3x_2 + 3x_3 = 2 \end{cases}$$

解　对增广矩阵 $(\boldsymbol{A} \vdots \boldsymbol{b})$ 施行初等行变换，化为行最简形矩阵：

$$(\boldsymbol{A} \vdots \boldsymbol{b}) = \begin{pmatrix} 1 & 1 & -1 & 1 \\ 2 & 3 & -3 & 3 \\ 1 & -3 & 3 & 2 \end{pmatrix} \xrightarrow[r_3 - r_1]{r_2 - 2r_1} \begin{pmatrix} 1 & 1 & -1 & 1 \\ 0 & 1 & -1 & 1 \\ 0 & -4 & 4 & 1 \end{pmatrix} \xrightarrow{r_3 + 4r_2} \begin{pmatrix} 1 & 1 & -1 & 1 \\ 0 & 1 & -1 & 1 \\ 0 & 0 & 0 & 5 \end{pmatrix}$$

$R(\boldsymbol{A}) = 2$，$R(\boldsymbol{A} \vdots \boldsymbol{b}) = 3$，即 $R(\boldsymbol{A}) \neq R(\boldsymbol{A} \vdots \boldsymbol{b})$，所以方程组无解.

例 9　求解下列非齐次线性方程组.

$$\begin{cases} x_1 + x_2 - 2x_4 + x_5 = -1 \\ -2x_1 - x_2 + x_3 - 4x_4 + 2x_5 = 1 \\ -x_1 + x_2 - x_3 - 2x_4 + x_5 = 2 \end{cases}$$

解　对增广矩阵 $(\boldsymbol{A} \vdots \boldsymbol{b})$ 施行初等行变换：

$$(\boldsymbol{A} \vdots \boldsymbol{b}) = \begin{pmatrix} 1 & 1 & 0 & -2 & 1 & -1 \\ -2 & -1 & 1 & -4 & 2 & 1 \\ -1 & 1 & -1 & -2 & 1 & 2 \end{pmatrix} \xrightarrow[r_3 + r_1]{r_2 + 2r_1} \begin{pmatrix} 1 & 1 & 0 & -2 & 1 & -1 \\ 0 & 1 & 1 & -8 & 4 & -1 \\ 0 & 2 & -1 & -4 & 2 & 1 \end{pmatrix}$$

$$\xrightarrow{r_3 - 2r_2} \begin{pmatrix} 1 & 1 & 0 & -2 & 1 & -1 \\ 0 & 1 & 1 & -8 & 4 & -1 \\ 0 & 0 & -3 & 12 & -6 & 3 \end{pmatrix} \xrightarrow[\substack{r_2 - r_3 \\ r_1 - r_2}]{-\frac{1}{3}r_3} \begin{pmatrix} 1 & 0 & 0 & 2 & -1 & -1 \\ 0 & 1 & 0 & -4 & 2 & 0 \\ 0 & 0 & 1 & -4 & 2 & -1 \end{pmatrix}$$

$R(\boldsymbol{A}) = R(\boldsymbol{A} \vdots \boldsymbol{b}) = 3 < 5$，所以方程组有无穷多解. 令 $x_4 = c_1$，$x_5 = c_2$，得

$$\begin{pmatrix} x_1 \\ x_2 \\ x_3 \\ x_4 \\ x_5 \end{pmatrix} = \begin{pmatrix} -2c_1 + c_2 - 1 \\ 4c_1 - 2c_2 \\ 4c_1 - 2c_2 - 1 \\ c_1 \\ c_2 \end{pmatrix} = c_1 \begin{pmatrix} -2 \\ 4 \\ 4 \\ 1 \\ 0 \end{pmatrix} + c_2 \begin{pmatrix} 1 \\ -2 \\ -2 \\ 0 \\ 1 \end{pmatrix} + \begin{pmatrix} -1 \\ 0 \\ -1 \\ 0 \\ 0 \end{pmatrix}$$

二、线性方程组解的结构

我们已经学习了用矩阵的初等变换求解线性方程组的方法，并建立了两个重要定理，即：

(1) n 个未知量的齐次线性方程组 $\boldsymbol{Ax}=\boldsymbol{0}$ 有非零解的充分必要条件是系数矩阵的秩 $R(\boldsymbol{A})<n$.

(2) n 元非齐次线性方程组 $\boldsymbol{Ax}=\boldsymbol{b}$ 有解的充要条件是系数矩阵的秩 $R(\boldsymbol{A})$ 等于增广矩阵的秩，即 $R(\boldsymbol{A})=R(\boldsymbol{A}\vdots\boldsymbol{b})$；且当 $R(\boldsymbol{A})=R(\boldsymbol{A}\vdots\boldsymbol{b})=n$ 时有唯一的解，当 $R(\boldsymbol{A})=R(\boldsymbol{A}\vdots\boldsymbol{b})<n$ 时有无限多个解.

下面我们用向量组的线性相关性的理论来讨论线性方程组的解，先讨论齐次线性方程组

$$\begin{cases}a_{11}x_1+a_{12}x_2+\cdots+a_{1n}x_n=0\\a_{21}x_1+a_{22}x_2+\cdots+a_{2n}x_n=0\\\quad\vdots\\a_{m1}x_1+a_{m12}x_2+\cdots+a_{mn}x_n=0\end{cases}\tag{3-3}$$

设 $\boldsymbol{A}(a_{ij})_{m\times n}=\begin{pmatrix}a_{11}&a_{12}&\cdots&a_{1n}\\a_{21}&a_{22}&\cdots&a_{2n}\\\vdots&\vdots&&\vdots\\a_{m1}&a_{m2}&\cdots&a_{mn}\end{pmatrix}$，$\boldsymbol{x}=\begin{pmatrix}x_1\\x_2\\\vdots\\x_n\end{pmatrix}$，其矩阵形式为

$$\boldsymbol{Ax}=\boldsymbol{0}\tag{3-4}$$

记 $\boldsymbol{\alpha}_1=\begin{pmatrix}a_{11}\\a_{21}\\\vdots\\a_{m1}\end{pmatrix}$，$\boldsymbol{\alpha}_2=\begin{pmatrix}a_{12}\\a_{22}\\\vdots\\a_{m2}\end{pmatrix}$，$\cdots$，$\boldsymbol{\alpha}_n=\begin{pmatrix}a_{1n}\\a_{2n}\\\vdots\\a_{mn}\end{pmatrix}$，则其向量形式为

$$x_1\boldsymbol{\alpha}_1+x_2\boldsymbol{\alpha}_2+\cdots+x_n\boldsymbol{\alpha}_n=\boldsymbol{0}\tag{3-5}$$

若令 $x_1=\xi_{11}$，$x_2=\xi_{21}$，$\cdots$，$x_n=\xi_{n1}$ 为 (3-3) 的解，则

$$\boldsymbol{x}=\boldsymbol{\xi}_1=\begin{pmatrix}\xi_{11}\\\xi_{21}\\\vdots\\\xi_{n1}\end{pmatrix}$$

称为方程组 (3-3) 的解向量，也就是 (3-4)、(3-5) 的解.

性质1 若 $\boldsymbol{x}_1=\boldsymbol{\xi}_1$，$\boldsymbol{x}_2=\boldsymbol{\xi}_2$ 为 (3-4) 的解，则 $\boldsymbol{x}=\boldsymbol{\xi}_1+\boldsymbol{\xi}_2$ 也是 (3-4) 的解.

证明 只需验证 $\boldsymbol{x}=\boldsymbol{\xi}_1+\boldsymbol{\xi}_2$ 满足方程 (3-4) 即可. 由

$$\boldsymbol{A}(\boldsymbol{\xi}_1+\boldsymbol{\xi}_2)=\boldsymbol{A\xi}_1+\boldsymbol{A\xi}_2=\boldsymbol{0}+\boldsymbol{0}=\boldsymbol{0}$$

所以，$\boldsymbol{x}=\boldsymbol{\xi}_1+\boldsymbol{\xi}_2$ 是（3-4）的解.

性质 2　若 $\boldsymbol{x}=\boldsymbol{\xi}_1$ 是（3-4）的解，k 是实数，则 $\boldsymbol{x}=k\boldsymbol{\xi}_1$ 也是（3-4）的解.

若用 S 表示方程组（3-3）的全部解向量所成的集合，则性质 1、2 即表述为：

（1）若 $\boldsymbol{\xi}_1\in S$，$\boldsymbol{\xi}_2\in S$，则 $\boldsymbol{\xi}_1+\boldsymbol{\xi}_2\in S$；

（2）若 $\boldsymbol{\xi}_1\in S$，$k\in S$ 则 $k\boldsymbol{\xi}_1\in S$.

三、基础解系

定义 3.6　$\boldsymbol{\xi}_1$，$\boldsymbol{\xi}_2$，…，$\boldsymbol{\xi}_t$ 称为齐次线性方程组 $\boldsymbol{Ax}=\boldsymbol{0}$ 的基础解系，如果

（1）$\boldsymbol{\xi}_1$，$\boldsymbol{\xi}_2$，…，$\boldsymbol{\xi}_t$ 是 $\boldsymbol{Ax}=\boldsymbol{0}$ 的一组线性无关的解；

（2）$\boldsymbol{Ax}=\boldsymbol{0}$ 的任一解都可由 $\boldsymbol{\xi}_1$，$\boldsymbol{\xi}_2$，…，$\boldsymbol{\xi}_t$ 线性表出.

如果 $\boldsymbol{\xi}_1$，$\boldsymbol{\xi}_2$，…，$\boldsymbol{\xi}_t$ 为齐次线性方程组 $\boldsymbol{Ax}=\boldsymbol{0}$ 的一组基础解系，那么 $\boldsymbol{Ax}=0$ 的任一解可表示为 $\boldsymbol{x}=k_1\boldsymbol{\xi}_1+k_2\boldsymbol{\xi}_2+\cdots+k_t\boldsymbol{\xi}_t$，其中 k_1，k_2，…，k_t是常数.

那么如何求齐次线性方程组的基础解系？

设齐次线性方程组的系数矩阵为 $\boldsymbol{A}$，并不妨设 $\boldsymbol{A}$ 的前 r 个列向量线性无关，于是 A 可化为：

$$A\sim\begin{pmatrix}1&\cdots&0&b_{11}&\cdots&b_{1,n-r}\\ \vdots&&\vdots&\vdots&&\vdots\\ 0&\cdots&1&b_{r1}&\cdots&b_{r,n-r}\\ 0&&&\cdots&&0\\ \vdots&&&&&\vdots\\ 0&&&\cdots&&0\end{pmatrix}$$

则

$$\boldsymbol{Ax}=\boldsymbol{0}\Leftrightarrow\begin{pmatrix}1&\cdots&0&b_{11}&\cdots&b_{1,n-r}\\ \vdots&&\vdots&\vdots&&\vdots\\ 0&\cdots&1&b_{r1}&\cdots&b_{r,n-r}\\ 0&&&\cdots&&0\\ \vdots&&&&&\vdots\\ 0&&&\cdots&&0\end{pmatrix}\begin{pmatrix}x_1\\x_2\\ \vdots\\x_n\end{pmatrix}=0\Leftrightarrow\begin{cases}x_1=-b_{11}x_{r+1}-\cdots-b_{1,n-r}x_n\\ x_2=-b_{21}x_{r+1}-\cdots-b_{2,n-r}x_n\\ \qquad\vdots\\ x_r=-b_{r1}x_{r+1}-\cdots-b_{r,n-r}x_n\end{cases}\tag{3-6}$$

现给 x_{r+1}，x_{r+2}，…，x_n一组值，即唯一确定 x_1，x_2，…，x_r 的值，即得方程组（3-6）的一个解. 依次令

$$\begin{pmatrix}x_{r+1}\\x_{r+2}\\ \vdots\\x_n\end{pmatrix}=\begin{pmatrix}1\\0\\ \vdots\\0\end{pmatrix},\begin{pmatrix}0\\1\\ \vdots\\0\end{pmatrix},\cdots,\begin{pmatrix}0\\0\\ \vdots\\1\end{pmatrix}$$

则可得

$$\begin{pmatrix} x_1 \\ x_2 \\ \vdots \\ x_r \end{pmatrix} = \begin{pmatrix} -b_{11} \\ -b_{21} \\ \vdots \\ -b_{r1} \end{pmatrix}, \begin{pmatrix} -b_{12} \\ -b_{22} \\ \vdots \\ -b_{r2} \end{pmatrix}, \cdots, \begin{pmatrix} -b_{1,n-r} \\ -b_{2,n-r} \\ \vdots \\ -b_{r,n-r} \end{pmatrix}$$

从而可得方程组（3－3）的 $n-r$ 个解

$$\boldsymbol{\xi}_1 = \begin{pmatrix} -b_{11} \\ -b_{21} \\ \vdots \\ -b_{r1} \\ 1 \\ 0 \\ \vdots \\ 0 \end{pmatrix}, \boldsymbol{\xi}_2 = \begin{pmatrix} -b_{12} \\ -b_{22} \\ \vdots \\ -b_{r2} \\ 0 \\ 1 \\ \vdots \\ 0 \end{pmatrix}, \boldsymbol{\xi}_{n-r} = \begin{pmatrix} -b_{1,n-r} \\ -b_{2,n-r} \\ \vdots \\ -b_{r,n-r} \\ 0 \\ 0 \\ \vdots \\ 1 \end{pmatrix}$$

可以验证，$\boldsymbol{\xi}_1$，$\boldsymbol{\xi}_2$，…，$\boldsymbol{\xi}_{n-r}$是方程组（3－3）的基础解系，则（3－3）的解可表示为

$$\boldsymbol{x} = k_1\boldsymbol{\xi}_1 + k_2\boldsymbol{\xi}_2 + \cdots + k_{n-r}\boldsymbol{\xi}_{n-r}$$

其中 k_1，k_2，…，k_{n-r}为任意实数. 称上式为齐次线性方程组（3－3）的通解.

说明： 基础解系不是唯一的.

例 10 求齐次线性方程组

$$\begin{cases} x_1 + 2x_2 + 2x_3 + x_4 = 0 \\ 2x_1 + x_2 - 2x_3 - 2x_4 = 0 \\ x_1 - x_2 - 4x_3 - 3x_4 = 0 \end{cases}$$

的基础解系与通解.

解 对系数矩阵 $\boldsymbol{A}$ 作初等行变换，变为行最简形式

$$A = \begin{pmatrix} 1 & 2 & 2 & 1 \\ 2 & 1 & -2 & -2 \\ 1 & -1 & -4 & -3 \end{pmatrix} \xrightarrow[r_3 - r_1]{r_2 - 2r_1} \begin{pmatrix} 1 & 2 & 2 & 1 \\ 0 & -3 & -6 & -4 \\ 0 & -3 & -6 & -4 \end{pmatrix}$$

$$\xrightarrow[-\frac{1}{3}r_2]{r_3 - r_2} \begin{pmatrix} 1 & 2 & 2 & 1 \\ 0 & 1 & 2 & \frac{4}{3} \\ 0 & 0 & 0 & 0 \end{pmatrix} \xrightarrow{r_1 - 2r_2} \begin{pmatrix} 1 & 0 & -2 & -\frac{5}{3} \\ 0 & 1 & 2 & \frac{4}{3} \\ 0 & 0 & 0 & 0 \end{pmatrix}$$

即得

$$\begin{cases} x_1 = 2x_3 + \dfrac{5}{3}x_4 \\ x_2 = -2x_3 - \dfrac{4}{3}x_4 \end{cases}$$

令$\begin{pmatrix} x_3 \\ x_4 \end{pmatrix} = \begin{pmatrix} 1 \\ 0 \end{pmatrix}$和$\begin{pmatrix} 0 \\ 1 \end{pmatrix}$，则可得基础解系

$$\boldsymbol{\xi}_1 = \begin{pmatrix} 2 \\ -2 \\ 1 \\ 0 \end{pmatrix}, \quad \boldsymbol{\xi}_2 = \begin{pmatrix} \dfrac{5}{3} \\ -\dfrac{4}{3} \\ 0 \\ 1 \end{pmatrix}$$

由此可得通解为

$$\boldsymbol{x} = k_1\boldsymbol{\xi}_1 + k_2\boldsymbol{\xi}_2 = k_1\begin{pmatrix} 2 \\ -2 \\ 1 \\ 0 \end{pmatrix} + k_2\begin{pmatrix} \dfrac{5}{3} \\ -\dfrac{4}{3} \\ 0 \\ 1 \end{pmatrix} \quad (k_1,\ k_2 \in \mathbf{R})$$

下面讨论非齐次线性方程组，设

$$\begin{cases} a_{11}x_1 + a_{12}x_2 + \cdots + a_{1n}x_n = b_1 \\ a_{21}x_1 + a_{22}x_2 + \cdots + a_{2n}x_n = b_2 \\ \qquad\qquad\vdots \\ a_{m1}x_1 + a_{m2}x_2 + \cdots + a_{mn}x_n = b_m \end{cases}$$

写作

$$\boldsymbol{Ax} = \boldsymbol{b} \tag{3-7}$$

则方程组（3-7）的解具有如下性质：

性质 3 设 $\boldsymbol{x} = \boldsymbol{\eta}_1$ 与 $\boldsymbol{x} = \boldsymbol{\eta}_2$ 都是方程组（3-7）的解，则 $\boldsymbol{x} = \boldsymbol{\eta}_2 - \boldsymbol{\eta}_1$ 为对应的齐次线性方程组 $\boldsymbol{Ax} = \boldsymbol{0}$ 的解.

性质 4 设 $\boldsymbol{x} = \boldsymbol{\eta}$ 是方程组（3-7）的解，$\boldsymbol{x} = \boldsymbol{\xi}$ 是对应的齐次线性方程组的解，则 $\boldsymbol{x} = \boldsymbol{\xi} + \boldsymbol{\eta}$仍是方程组（3-7）的解.

由性质 4 可知，若求得方程组（3-7）的一个解 $\boldsymbol{\eta}^*$，则（3-6）的任一解都可表示为

$$\boldsymbol{x} = \boldsymbol{\xi} + \boldsymbol{\eta}^*$$

其中 $\boldsymbol{\xi}$ 是对应的齐次线性方程组的解.

若方程组（3－4）的通解为 $\boldsymbol{x}=k_1\boldsymbol{\xi}_1+k_2\boldsymbol{\xi}_2+\cdots+k_{n-r}\boldsymbol{\xi}_{n-r}$，则方程组（3－7）的任一解都可表示为

$$\boldsymbol{x}=k_1\boldsymbol{\xi}_1+k_2\boldsymbol{\xi}_2+\cdots+k_{n-r}\boldsymbol{\xi}_{n-r}+\boldsymbol{\eta}^*$$

其中 k_1，k_2，…，k_{n-r} 为任意实数，称上式为非齐次线性方程组（3－7）的通解，其中 $\boldsymbol{\xi}_1$，$\boldsymbol{\xi}_2$，…，$\boldsymbol{\xi}_{n-r}$ 是对应的齐次线性方程组（3－4）的基础解系.

例 11 求方程组

$$\begin{cases}x_1+x_2-2x_4+x_5=-1\\-2x_1-x_2+x_3-4x_4+2x_5=1\\-x_1+x_2-x_3-2x_4+x_5=2\end{cases}$$

的通解.

解 对增广矩阵（$\boldsymbol{A}\vdots\boldsymbol{b}$）施行初等行变换

$$(\boldsymbol{A}\vdots\boldsymbol{b})=\begin{pmatrix}1&1&0&-2&1&-1\\-2&-1&1&-4&2&1\\-1&1&-1&-2&1&2\end{pmatrix}\xrightarrow[r_3+r_1]{r_2+2r_1}\begin{pmatrix}1&1&0&-2&1&-1\\0&1&1&-8&4&-1\\0&2&-1&-4&2&1\end{pmatrix}$$

$$\xrightarrow{r_3-2r_2}\begin{pmatrix}1&1&0&-2&1&-1\\0&1&1&-8&4&-1\\0&0&-3&12&-6&3\end{pmatrix}\xrightarrow[\substack{r_2-r_3\\r_1-r_2}]{-\frac{1}{3}r_3}\begin{pmatrix}1&0&0&2&-1&-1\\0&1&0&-4&2&0\\0&0&1&-4&2&-1\end{pmatrix}$$

因为 $R(\boldsymbol{A})=R(\boldsymbol{A}\vdots\boldsymbol{b})=3<5$，所以方程组有无穷多解，并有

$$\begin{cases}x_1=-2x_4+x_5-1\\x_2=4x_4-2x_5\\x_3=4x_4-2x_5-1\end{cases}$$

令 $\begin{pmatrix}x_4\\x_5\end{pmatrix}=\begin{pmatrix}0\\0\end{pmatrix}$，则 $\begin{pmatrix}x_1\\x_2\\x_3\end{pmatrix}=\begin{pmatrix}-1\\0\\-1\end{pmatrix}$，即得方程组的一个解

$$\boldsymbol{\eta}^*=\begin{pmatrix}-1\\0\\-1\\0\\0\end{pmatrix}$$

对应的齐次线性方程组为

$$\begin{cases} x_1 = -2x_4 + x_5 \\ x_2 = 4x_4 - 2x_5 \\ x_3 = 4x_4 - 2x_5 \end{cases}$$

令其中$\begin{pmatrix} x_4 \\ x_5 \end{pmatrix} = \begin{pmatrix} 1 \\ 0 \end{pmatrix}$，$\begin{pmatrix} 0 \\ 1 \end{pmatrix}$，即得对应的齐次线性方程组的基础解系

$$\boldsymbol{\xi}_1 = \begin{pmatrix} -2 \\ 4 \\ 4 \\ 1 \\ 0 \end{pmatrix}, \ \boldsymbol{\xi}_2 = \begin{pmatrix} 1 \\ -2 \\ -2 \\ 0 \\ 1 \end{pmatrix}$$

所以所求方程组的通解为

$$\begin{pmatrix} x_1 \\ x_2 \\ x_3 \\ x_4 \\ x_5 \end{pmatrix} = k_1 \begin{pmatrix} -2 \\ 4 \\ 4 \\ 1 \\ 0 \end{pmatrix} + k_2 \begin{pmatrix} 1 \\ -2 \\ -2 \\ 0 \\ 1 \end{pmatrix} + \begin{pmatrix} -1 \\ 0 \\ -1 \\ 0 \\ 0 \end{pmatrix} \quad (k_1, \ k_2 \in \mathbf{R})$$

习题三

1. 设$\boldsymbol{\beta}_1 = \boldsymbol{\alpha}_1 + \boldsymbol{\alpha}_2$，$\boldsymbol{\beta}_2 = \boldsymbol{\alpha}_2 + \boldsymbol{\alpha}_3$，$\boldsymbol{\beta}_3 = \boldsymbol{\alpha}_3 + \boldsymbol{\alpha}_4$，$\boldsymbol{\beta}_4 = \boldsymbol{\alpha}_4 + \boldsymbol{\alpha}_1$，证明：向量组$\boldsymbol{\beta}_1$，$\boldsymbol{\beta}_2$，$\boldsymbol{\beta}_3$，$\boldsymbol{\beta}_4$ 线性相关.

2. 利用初等行变换求下列矩阵的列向量组的一个最大无关组.

（1）$\begin{pmatrix} 25 & 31 & 17 & 43 \\ 75 & 94 & 53 & 132 \\ 75 & 94 & 54 & 134 \\ 25 & 32 & 20 & 48 \end{pmatrix}$　　（2）$\begin{pmatrix} 1 & 1 & 2 & 2 & 1 \\ 0 & 2 & 1 & 5 & -1 \\ 2 & 0 & 3 & -1 & 3 \\ 1 & 1 & 0 & 4 & -1 \end{pmatrix}$

3. 求下列向量组的秩，并求一个最大无关组.

（1）$\boldsymbol{\alpha}_1 = \begin{pmatrix} 1 \\ 2 \\ -1 \\ 4 \end{pmatrix}$，$\boldsymbol{\alpha}_2 = \begin{pmatrix} 9 \\ 100 \\ 10 \\ 4 \end{pmatrix}$，$\boldsymbol{\alpha}_3 = \begin{pmatrix} -2 \\ -4 \\ 2 \\ -8 \end{pmatrix}$

（2）$\boldsymbol{\alpha}_1^{\mathrm{T}} = (1, 2, 1, 3)$，$\boldsymbol{\alpha}_2^{\mathrm{T}} = (4, -1, -5, -6)$，$\boldsymbol{\alpha}_3^{\mathrm{T}} = (1, -3, -4, -7)$

4. 求下列齐次线性方程组的基础解系.

(1) $\begin{cases} x_1 - 8x_2 + 10x_3 + 2x_4 = 0 \\ 2x_1 + 4x_2 + 5x_3 - x_4 = 0 \\ 3x_1 + 8x_2 + 6x_3 - 2x_4 = 0 \end{cases}$　　(2) $\begin{cases} 2x_1 - 3x_2 - 2x_3 + x_4 = 0 \\ 3x_1 + 5x_2 + 4x_3 - 2x_4 = 0 \\ 8x_1 + 7x_2 + 6x_3 - 3x_4 = 0 \end{cases}$

5. 求下列非齐次方程组的通解.

(1) $\begin{cases} x_1 + x_2 = 5 \\ 2x_1 + x_2 + x_3 + 2x_4 = 1 \\ 5x_1 + 3x_2 + 2x_3 + 2x_4 = 3 \end{cases}$　　(2) $\begin{cases} x_1 - 5x_2 + 2x_3 - 3x_4 = 11 \\ 5x_1 + 3x_2 + 6x_3 - x_4 = -1 \\ 2x_1 + 4x_2 + 2x_3 + x_4 = -6 \end{cases}$

第四章 概率与分布

在自然界中存在着两种不同的现象，一类是确定性现象；另一类是随机现象．确定性现象是指在某条件下，一定会发生某结果的现象，如：同性电荷必定互相排斥；在标准大气压下，水加热到100℃一定沸腾．随机现象是指在某条件下，发生的结果有若干可能，事前无法确定哪个结果会发生的现象，如：

（1）抛一枚硬币观察哪面朝上；

（2）明年我国人均 GDP 的增幅；

（3）超市里某一品牌方便面下个月的销售额．

我们经常需要对生活中各种具有随机性的问题进行分析和决策，概率论就是研究随机现象的一门学科．

本章介绍概率论的基本概念，并且将引进随机变量的概念研究随机事件．

第一节 概率论的基本概念

一、随机事件

为研究随机现象，需要对其进行观察或者实验，为方便讨论，称满足：

（1）相同条件下可重复进行；

（2）试验之前能够知道所有可能结果；

（3）每次试验之后的结果是确定的

的实验为随机试验，简称试验．

对随机现象的反复多次试验，通常可以得到随机现象的某种规律，把这种规律称为统计规律．所以多次做试验是得到统计规律和研究随机现象的方法．

由试验的所有可能结果组成的集合称为样本空间，记为 Ω．样本空间的元素称为样本点．由一个样本点组成的集合称为基本事件，而由若干样本点组成的集合称为复合事件，基本事件和复合事件统称为随机事件，简称事件，常用大写字母 A，B，C 等来表示．可见，随机事件就是样本空间 Ω 的子集．在试验中一定会发生的事件称为必然事件，如 Ω．在试验中一定不会发生的事件称为不可能事件，记为 $\varnothing$．

例如，仍一个骰子，“朝上的点数是奇数”就是一个事件，“朝上的点数是偶数”也是一个事件，可分别记为

$A=\{$点数是奇数$\}=\{1$ 点，3 点，5 点$\}$

$B=\{$点数是偶数$\}=\{2$ 点，4 点，6 点$\}$

二、事件的关系和运算

由于事件是样本空间的子集，因而事件的关系和运算可以按照集合间的关系和运算来处理.

设事件 A 和 B，若 $A\subseteq B$，则称事件 B 包含事件 A. 在这种包含关系下，如果事件 A 发生，那么一定有事件 B 发生. 若 $B\subseteq A$ 且 $A\subseteq B$，则称事件 A 和事件 B 相等. 如果事件 A 和 B 不能同时发生，则称事件 A 和 B 不相容. 如果事件 A 和 B 有且仅有一个发生，则称事件 A 和 B 对立.

上面的关系可以用图 4－1 表示.

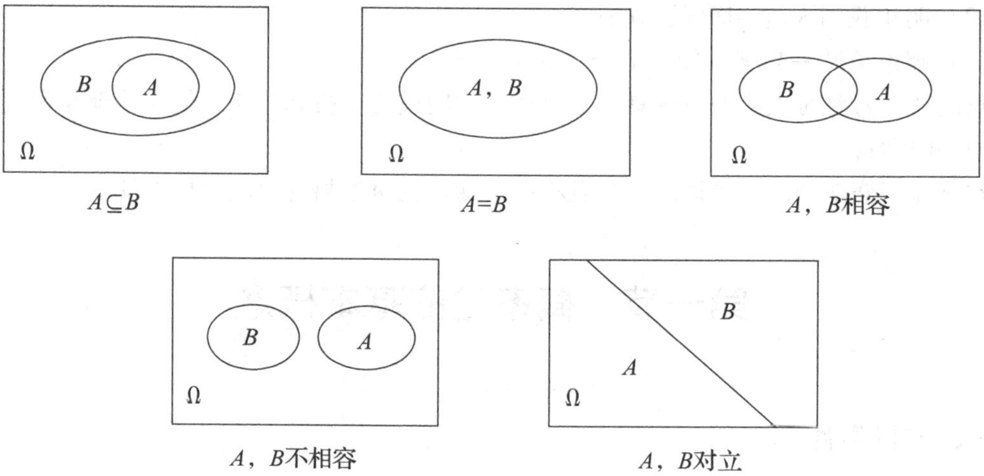

图 4－1

事件之间有以下四种运算.

（1）加法："事件 A 和 B 至少发生一个"这一事件，称为 A 和 B 的和事件，记为 $A+B$.

（2）减法："事件 A 发生，但 B 不发生"这一事件，称为 A 和 B 的差事件，记为 $A-B$.

（3）乘法："事件 A 发生且 B 发生"这一事件，称为 A 和 B 的积事件，记为 AB.

（4）对立运算："事件 A 不发生"这一事件，称为 A 的对立事件，记为 $\overline{A}$.

从集合角度来看，上述运算可以表述为：

$$A+B=A\cup B,\ A-B=A\cap \complement_{\Omega}B,\ AB=A\cap B,\ \overline{A}=\complement_{\Omega}A$$

事件的运算满足以下运算律：

（1）交换律：$A+B=B+A$

$AB=BA$

（2）结合律：$(A+B)+C=A+(B+C)$

$(AB)C=A(BC)$

(3) 分配律：$(A+B)C=AC+BC$

$(A-B)C=AC-BC$

(4) 德摩根律：$\overline{AB}=\overline{A}+\overline{B}$

$\overline{A+B}=\overline{A}\,\overline{B}$

通过文图容易得到下面的运算关系：

$$A-B=A\overline{B}=A-AB$$

三、概率的定义与性质

显然不同的随机事件发生的可能性是不同的，可以用一个数（介于0和1之间的百分数）来度量这种可能性，这样就产生了概率的概念.

定义4.1 在相同的条件下进行 n 次试验，某事件 A 发生了 m 次，则称比值

$$f_n(A)=\frac{m}{n}$$

为事件 A 的频率.

有很多试验表明，当 n 比较大时，频率 $f_n(A)$ 总会在某个固定数 p 数附近摆动，把频率的这种性质称为频率的稳定性. 可以定义该固定的数 p 为事件 A 的概率，即有

$$P(A)=\lim_{n\to\infty}f_n(A)=p$$

上式称为概率的频率定义，它直观地告诉我们 $f_n(A)\approx P(A)$.

概率的频率定义在数学计算时有很多不方便之处，下面给出概率的公理化定义.

定义4.2 设 Ω 为样本空间，如果任意一事件 A，都有一个实数 $P(A)$ 与之对应，且这种对应关系满足下面三条公理：

(1) 非负性：$P(A)\geqslant 0$；

(2) 规范性：$P(\Omega)=1$；

(3) 可列可加性：

$$P(A_1+\cdots+A_n+\cdots)=P(A_1)+\cdots+P(A_n)+\cdots$$

其中 A_i，A_j（$i\neq j$）互不相容，则称 $P(A)$ 为事件 A 的概率.

利用定义可以导出概率的一些常用性质.

性质1 $P(\varnothing)=0$，$P(\overline{A})=1-P(A)$.

性质2 若 $A\subseteq B$，那么 $P(A)\leqslant P(B)$.

性质3 $P(A-B)=P(A)-P(AB)$.

特别地，当 $B\subseteq A$ 时，有 $P(A-B)=P(A)-P(B)$.

性质4 $P(A+B)=P(A)+P(B)-P(AB)$.

特别地，当 A，B 不相容时有 $P(A+B)=P(A)+P(B)$.

四、古典概型与几何概型

很多随机事件是很难确定其精确的概率大小的，大多需要反复试验观察，通过频率的

大小来估计概率. 但是对于某种特殊的随机事件，其概率的大小是可以经过分析直接计算出来的，这就是古典概型的随机事件.

定义 4.3 若某随机试验满足以下两条：

(1) 样本空间为有限集；

(2) 每个基本事件发生可能性相同，

那么将该随机试验的概率计算问题称为古典概型.

定理 4.1 在古典概型中，设样本空间为 Ω，且 $|\Omega|=n$，随机事件 A 有 $|A|=m$，那么 A 的概率

$$P(A)=\frac{m}{n}$$

上面的定理中 n 又称为样本的总数，m 又称为有利场合数.

定义 4.4 若某随机试验满足以下两条：

(1) 样本空间为无限集；

(2) 每个基本事件发生可能性相同，

那么将该随机试验的概率计算问题称为几何概型.

定理 4.2 在几何概型中，设样本空间为 Ω，那么事件 A 的概率

$$P(A)=\frac{A\text{ 的测度}}{\Omega\text{ 的测度}}$$

其中“测度”通常是指长度、面积、体积等.

例 1 一个口袋里装有 a 个红球和 b 个白球，现有 $a+b$ 个人，每人依次从口袋里不放回地摸一个球，问：第 k $(1\leqslant k\leqslant a+b)$ 个人摸到红球的概率是多少？

解 这是古典概型问题，样本的总数 $n=(a+b)!$，有利场合数 $m=C_a^1(a+b-1)!$，则所求概率为

$$P(A)=\frac{C_a^1(a+b-1)!}{(a+b)!}=\frac{a}{a+b}$$

从结果可以看出所求概率与 k 无关，即从概率的意义上解释了“抽签与次序无关”这一结论.

第二节 条件概率及其应用

在实际问题中，往往会遇到在事件 A 已发生的条件下，求事件 B 发生的概率，这就是条件概率，记为 $P(B|A)$.

先来计算一个问题. 掷一颗骰子，观察其朝上的点数. 令 B 表示“出现点数小于 4”，则 $P(B)=1/2$，如果已知事件 A 表示“出现偶数点”，且 A 已发生，这时只剩下三种可能，即“2 点”“4 点”或“6 点”，从而在 A 已发生的条件下，B 发生的概率为 $P(B|A)=$

1/3，注意 $P(A)=1/2$，$P(AB)=1/6$，此时有

$$P(B|A)=\frac{P(AB)}{P(A)}\neq P(B)$$

可见有条件概率与无条件概率不是一回事.

一、条件概率

定义 4.5　设 A，B 是某随机试验中的两个事件，且 $P(A)>0$，则称

$$P(B|A)=\frac{P(AB)}{P(A)}$$

为事件 A 发生的条件下事件 B 发生的条件概率.

设 A，B 为某随机试验中的两个事件，且 $P(A)>0$，则有

$$P(AB)=P(B|A)P(A)$$

若 $P(B)>0$，还有

$$P(AB)=P(A|B)P(B)$$

上述两组公式称为乘法公式.

例 2　某厂生产的灯泡能用 1000 小时的概率为 0.8，能用 1500 小时的概率为 0.4，求已用 1000 小时的灯泡能用到 1500 小时的概率.

解　设事件 $A=\{$灯泡用 1000 小时$\}$，$B=\{$灯泡用 1500 小时$\}$，则有 $P(A)=0.8$，$P(B)=0.4$，并且 $B\subseteq A$，那么已用 1000 小时的灯泡能用到 1500 小时的概率为

$$P(B|A)=\frac{P(AB)}{P(A)}=\frac{P(B)}{P(A)}=\frac{0.4}{0.8}=0.5$$

例 3　设在一盒子中装有 4 个蓝色球和 6 个红色球，取球两次，一次取 1 个，取后不放回，问两次都取到红球的概率是多少？

解　设事件 $A=\{$第一次取到红球$\}$，事件 $B=\{$第二次取到红球$\}$，则

$$P(A)=\frac{6}{10},\ P(B|A)=\frac{5}{9}$$

由乘法公式得两次都取到红球的概率

$$P(AB)=P(B|A)P(A)=\frac{1}{3}$$

二、全概率公式与贝叶斯公式

当直接计算某事件的概率比较复杂时，分情况计算概率往往是一种有效的策略.

如果 Ω 为样本空间，事件 B_1，B_2，…，B_n满足：

(1) 事件 B_1，B_2，…，B_n 两两不相容；

(2) $\Omega=B_1+B_2+\cdots+B_n$，

并且 $P(B_i)>0$ $(i=1，2，\cdots，n)$，则对任一事件 A，有

$$P(A)=\sum_{i=1}^{n}P(B_i)P(A|B_i) \tag{4-1}$$

以及

$$P(B_i|A)=\frac{P(B_i)P(A|B_i)}{\sum_{i=1}^{n}P(B_i)P(A|B_i)}\quad (i=1,2,\cdots,n) \tag{4-2}$$

公式的证明从略. 称公式（4－1）为全概率公式，公式（4－2）为贝叶斯公式.

全概率公式应用广泛，它是将一个比较复杂的事件分解成若干个较简单且两两不相容事件的和，然后利用概率的可加性及概率乘法定理来计算. 在实际问题中，往往将 $P(A|B_i)$ 称为先验概率，而 $P(B_i|A)$ 称为后验概率，于是全概率公式就是已知先验概率求后验概率，而贝叶斯公式则是已知后验概率求先验概率.

例 4 设某厂有 3 条生产线生产同种产品，已知各条生产线的产量分别占该厂总产量的 25%，35%，40%，各条生产线的次品率分别是 5%，4%，2%，将该厂所有产品混合投放市场. 某消费者购买该厂的一件产品，求：

（1）所购产品是次品的概率；

（2）如果已知所购产品是次品，求该产品是第一条生产线生产的概率.

解 （1）设 $A=\{$买到的一件产品是次品$\}$，$B_i=\{$买到的产品是来自第 i 条生产线$\}$，则有 $P(B_1)=25\%$，$P(B_2)=35\%$，$P(B_3)=40\%$，以及 $P(A|B_1)=5\%$，$P(A|B_2)=4\%$，$P(A|B_3)=2\%$，那么由全概率公式得所购产品是次品的概率为

$$P(A)=\sum_{i=1}^{3}P(B_i)P(A|B_i)=5\%\times25\%+4\%\times35\%+2\%\times40\%=3.45\%$$

（2）$P(B_1|A)=\dfrac{P(B_1)P(A|B_1)}{\sum_{i=1}^{n}P(B_i)P(A|B_i)}\approx 36.23\%$，即如果已知所购产品是次品，该产品是第一条生产线生产的概率为 36.23%.

三、独立事件

如果事件 A，B 是否发生不互相影响，则称 A，B 相互独立. 从条件概率的角度来看，一般地 $P(A|B)\neq P(A)$，即事件 B 的发生对事件 A 发生的概率是有影响. 但当 $P(A|B)=P(A)$ 时，即 B 的发生对 A 发生的概率没有影响，此时即说事件 A 独立于事件 B，这样便有

$$P(AB)=P(A|B)P(B)=P(A)P(B)$$

由此我们可给出两个事件独立的定义.

定义 4.6 设 A，B 是某随机试验的两个事件，若有

$$P(AB)=P(A)P(B)$$

则称事件 A，B 为相互独立的事件.

同样可以定义三个事件的独立性.

定义 4.7 设 A, B, C 是随机事件，若有

$$P(ABC)=P(A)P(B)P(C)$$
$$P(AB)=P(A)P(B)$$
$$P(AC)=P(A)P(C)$$
$$P(BC)=P(B)P(C)$$

则称事件 A, B, C 为相互独立的事件.

对于 n 个事件的独立性，可以类似于二个事件独立性的定义，在此从略.

命题 1 设 A, B 是事件，则 A, B 独立的充分必要条件是 A 与 $\overline{B}$ 独立.

证明 必要性：设 A 和 B 相互独立，则 $P(AB)=P(A)P(B)$. 由概率的性质，得到：

$$\begin{aligned}P(A\overline{B})&=P(A-AB)=P(A)-P(AB)\\&=P(A)-P(A)P(B)=P(A)(1-P(B))\\&=P(A)P(\overline{B})\end{aligned}$$

故 A 与 $\overline{B}$ 相互独立.

充分性：方法同必要性的证明.

例 5 甲、乙两人同时射击某一目标. 设甲击中目标的概率为 0.8，乙击中目标的概率为 0.5，求目标被击中的概率.

解 设事件 $A=$ “甲击中目标”，事件 $B=$ “乙击中目标”，事件 $C=$ “目标被击中”. 那么 $C=A+B$，且

$$P(C)=P(A+B)=P(A)+P(B)-P(AB)$$

显然 A 与 B 是相互独立的，则有 $P(AB)=P(A)P(B)=0.8\times0.5=0.4$，所以

$$P(C)=0.8+0.5-0.4=0.9$$

例 6 只有两种结果 A 与 $\overline{A}$ 的实验称为贝努里(Bernoulli)试验. 在相同的条件下独立地做 n 次贝努里试验，称为 n 重贝努里试验. 设贝努里试验中事件 A 发生的概率为 $p(0<p<1)$，证明：在 n 重贝努里试验中事件 A 发生 k 次的概率为：

$$C_n^k p^k(1-p)^{n-k}\quad(k=0,1,2,\cdots,n)$$

证明 设事件 $A_i=\{$第 i 次试验事件 A 发生$\}$ $(i=1,\cdots,n)$. 不妨设在 n 次贝努里试验中，前 k 次试验事件 A 都发生，后 $n-k$ 次都不发生，由事件的独立性得到这种情况的概率为

$$\begin{aligned}P(A_1\cdots A_k\overline{A_{k+1}}\cdots\overline{A_n})&=P(A_1)\cdots P(A_k)P(\overline{A_{k+1}})\cdots P(\overline{A_n})\\&=p^k(1-p)^{n-k}\end{aligned}$$

显然这样的情况按照排列组合共有 C_n^k 种，所以在 n 重贝努里试验中事件 A 发生 k 次的概率为：

$$C_n^k p^k(1-p)^{n-k}\quad(k=0,1,2,\cdots,n)$$

例 7 一批产品的废品率为 0.1. 现做三次有放回抽样，每次一件. 求三次中恰有两次取到废品的概率.

解 这是一个三重贝努里试验问题，此时 $p=0.1$，$q=1-p=0.9$，因此三次中恰有两次取到废品的概率是：

$$C_3^2 p^2 (1-p)^{3-2}=3\times 0.1^2\times 0.9=0.027$$

第三节 离散型随机变量

一、随机变量的定义

为了能够利用高等数学的工具，进一步研究随机事件的概率，下面将要用数量来表示事件. 例如：

（1）掷硬币试验，事件“正面朝上”记为1，“反面朝上”记为0；

（2）掷骰子实验，用字母 X 的值表示骰子朝上的点数，则 X 可能取：1，2，3，4，5，6；

（3）在公交车站等待某公交车到来的时间 T，已知公交车每隔 30 分钟一趟，则 T 可能的取值为 0～30 之间的实数.

定义 4.8 用来表示随机事件的结果的变量称为随机变量，通常用字母 ξ，η 等或字母 X，Y，Z 等来表示.

有了随机变量的概念，就可以将事件的结果和变量的取值对应起来. 上面例子（2）、（3）中的变量 X 和 T 就是随机变量.

随机变量按取值情况来分，主要有两类：

（1）离散型随机变量 如果某随机变量的值可以一一列出来，则称其为离散型随机变量. 如：X 为掷 10 次硬币中，正面朝上的总次数，则 X 可以取值 0，1，2，…，10. 显然 X 是离散型的随机变量.

（2）连续性随机变量 如果某随机变量的取值范围是一个连续的区间，则称其为连续型随机变量. 如：某品牌电脑的使用寿命 X；某城市一天的矿泉水饮用量 Y 等都是连续型随机变量.

二、离散型随机变量的分布律

定义 4.9 设随机变量 X 的所有可能取值为 x_k（$k=1, 2, \cdots$），事件 $\{X=x_k\}$ 的概率为

$$P\{X=x_k\}=p_k$$

且满足

$$\begin{cases} p_k \geqslant 0 \\ \sum_{k=1}^{\infty} p_k = 1 \end{cases}$$

那么称 $P\{X=x_k\}=p_k$（$k=1, 2, \cdots$）为离散型随机变量 X 的分布律.

例 8 设随机变量 X 的分布律为

X	-1	0	1	2
P	a	0.3	0.2	0.4

求：(1) 求常数 a；(2) 求 $P(X<0.1)$，$P(0.2<X<2)$.

解 (1) 由 $a+0.3+0.2+0.4=1$，得 $a=0.1$.

(2) $P(X<0.1)=P(X=-1 \text{ 或 } X=0)=0.1+0.3=0.4$；$P(0.2<X<2)=P(X=1)=0.2$.

三、常见离散型随机变量及其分布

1. 0－1 分布

设随机变量 X 的分布律为

X	-1	0
P	$1-p$	p

则称 X 服从以 p 为参数的 0－1 分布.

如果一个随机试验只有两个结果，那么通常可以用 0－1 分布的随机变量来描述结果，如对新生婴儿的性别进行登记、检查产品的质量是否合格等.

2. 二项分布

设随机变量 X 的分布律为

$$P(X=k)=C_n^k p^k (1-p)^{n-k} \quad (0\leqslant p\leqslant 1,\ k=0,\ 1,\ \cdots,\ n)$$

则称 X 服从以 p 为参数的二项分布，记作 $X\sim B(n, p)$.

显然，n 重贝努里试验中，随机事件 A 发生的次数服从二项分布.

例 9 已知某公司生产的螺钉次品率为 0.01，各个螺钉之间是否为次品相互独立. 这家公司将 10 个螺钉包成一包出售，并承诺如果发现包内多余一个次品，则可以退款. 求如果出售一包螺钉，它被退回的概率有多大?

解 设 X 为一包螺钉中次品的个数，那么 $X\sim B(10, 0.1)$，从而它被退回的概率为

$$1-P(X=0)-P(X=1)=1-C_{10}^0\times 0.01^0\times 0.99^{10}-C_{10}^1\times 0.01^1\times 0.99^9\approx 0.04$$

3. 泊松分布

设随机变量 X 的分布律为

$$P(X=k)=\frac{\lambda^k}{k!}e^{-\lambda} \quad (\lambda>0,\ k=0,\ 1,\ \cdots)$$

则称 X 服从以 λ 为参数的泊松分布，记作 $X\sim P(\lambda)$.

通常，在某一时间段内，某特定事件所发生的次数服从泊松分布，如某地区某时间段内交通事故发生的次数、某超市某产品在一个月内的销售量、某地区一年内发生3级以上地震的次数等.

定理 4.3 泊松定理 设 $\lambda>0$，n 为正整数，且 $\lambda=np_n$，则对于任意正整数 k 有

$$\lim_{n\to+\infty} C_n^k {p_n}^k (1-p_n)^{n-k}=\frac{\lambda^k}{k!}e^{-\lambda}$$

定理的证明从略.

泊松定理的意义在于指出了下面的近似计算公式：

$$C_n^k {p_n}^k (1-p_n)^{n-k}\approx\frac{\lambda^k}{k!}e^{-\lambda}$$

通常当 $n>10$，$p<0.1$ 时，近似的精确程度比较高.

例 10 设每分钟交通路口的汽车流量 X 服从泊松分布，且在一分钟内没有车通过与恰有一辆车通过的概率相等. 求在该路口一分钟内至少有两辆车通过的概率.

解 设 $X\sim P(\lambda)$，则

$$P(X=k)=\frac{\lambda^k}{k!}e^{-\lambda}\quad(\lambda>0,\ k=0,\ 1,\ \cdots)$$

由 $P(X=0)=P(X=1)$，得

$$\frac{\lambda^0}{0!}e^{-\lambda}=\frac{\lambda^1}{1!}e^{-\lambda}$$

从而 $\lambda=1$，故至少有两辆车通过的概率

$$P(X\geqslant 2)=1-P(X=0)-P(X=1)=1-\frac{1^0}{0!}e^{-1}-\frac{1^1}{1!}e^{-1}=1-2e^{-1}$$

例 11 设某保险公司的某种人寿保险有1000人投保，已知每个人在一年内死亡的概率为0.005，且每个人之间死亡与否相互独立，求在未来一年内1000人中死亡人数不超过10人的概率.

解 设 X 为1000人中死亡的人数，则 $X\sim B(1000,\ 0.005)$，那么所求概率为

$$P(X\leqslant 10)=\sum_{k=0}^{10} C_{1000}^k\,0.005^k\,0.995^{1000-k}\approx\sum_{k=0}^{10}\frac{5^k}{k!}e^{-5}=0.9860$$

第四节　连续型随机变量

一、连续型随机变量的定义

定义 4.10 设 X 为随机变量，则称函数 $F(x)=P(X\leqslant x)$，$x\in(-\infty,\ +\infty)$ 为 X 的

分布函数.

明显地，分布函数的值是随机事件 $X\in(-\infty, x]$ 的概率. 虽然分布函数值是某个特殊事件的概率，但是它也可以表示其他随机事件的概率，见以下命题：

命题 2 设随机变量 X 的分布函数为 $F(x)$，那么

(1) $P(a<X\leqslant b)=F(b)-F(a)$；

(2) $P(X>a)=1-F(a)$；

(3) $P(X=a)=F(a)-\lim\limits_{x\to a^-}F(x)=F(a)-F(a-0)$.

分布函数具有下面的性质：

(1) $0\leqslant F(x)\leqslant 1$；$F(-\infty)=\lim\limits_{x\to-\infty}F(x)=0$；$F(+\infty)=\lim\limits_{x\to+\infty}F(x)=1$.

(2) $\forall x_1, x_2\in\mathbf{R}$ 有

$$x_1<x_2\Rightarrow F(x_1)\leqslant F(x_2)$$

(3) $\forall x\in\mathbf{R}$ 有

$$F(x)=F(x+0)=\lim_{\Delta x\to 0^+}F(x+\Delta x)$$

上述三条性质也可以作为判断一般函数是否能作为某随机变量的分布函数的标准. 例如:函数 $F(x)=\dfrac{1}{1+x^2}$ 就不是分布函数,而函数 $F(x)=\int_{-\infty}^{x}\dfrac{1}{2}\mathrm{e}^{-|x|}\,\mathrm{d}x$ 就可以作为某随机变量的分布函数.

例 12 设随机变量 X 的分布函数为

$$F(x)=\begin{cases}0 & x<-1\\ 0.4 & -1\leqslant x<1\\ 0.8 & 1\leqslant x<3\\ 1 & x\geqslant 3\end{cases}$$

求 $P(X>2)$，$P(-0.5<X\leqslant 3)$，$P(X=1)$，$P(X=1.5)$.

解 $P(X>2)=1-F(2)=1-0.8=0.2$

$P(-0.5<X\leqslant 3)=F(3)-F(-0.5)=0.6$

$P(X=1)=F(1)-F(1-0)=0.8-0.4=0.4$

$P(X=1.5)=F(1.5)-F(1.5-0)=0.8-0.8=0$

例 13 设随机变量 X 的分布函数为

$$F(x)=\begin{cases}0 & x<0\\ Ax^2 & 0\leqslant x\leqslant 1\\ 1 & x>1\end{cases}$$

求常数 A.

解 根据分布函数的性质有

$$F(1)=F(1+0)$$

即 $A=1$.

定义 4.11 设 $F(x)$ 是随机变量 X 的分布函数，若存在非负可积函数 $f(x)$，使对任意的 x 有

$$F(x)=\int_{-\infty}^{x}f(t)\,\mathrm{d}t$$

则称 X 为连续型随机变量，并且称 $f(x)$ 为 X 的概率分布密度函数，简称密度函数.

根据积分学的几何意义，连续性随机变量的分布函数值为图 4-2 阴影部分的面积.

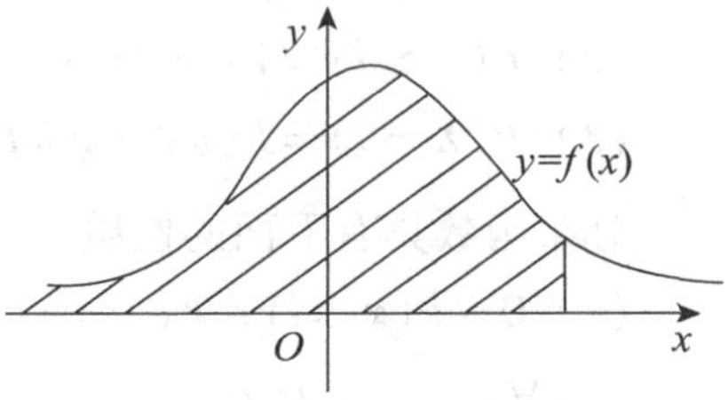

图 4-2

命题 3 设连续性随机变量 X 的密度函数为 $f(x)$，那么

(1) $f(x)\geqslant 0$;

(2) $\int_{-\infty}^{+\infty}f(x)\,\mathrm{d}x=1$;

(3) $P(a<X\leqslant b)=\int_{a}^{b}f(x)\,\mathrm{d}x$;

(4) $\forall a\in\mathbf{R}$，有 $P(X=a)=0$，从而有

$$P(a<X\leqslant b)=P(a\leqslant X\leqslant b)=P(a<X<b)=P(a\leqslant X<b)$$

(5) 如果 x 为 $f(x)$ 的连续点，那么 $F'(x)=f(x)$.

证明从略.

由 (4) 知道零概率事件并不一定是不可能事件.

例 14 设连续性随机变量 X 的密度函数为

$$f(x)=\begin{cases}cx^2 & 0<x<2\\ 0 & \text{其他}\end{cases}$$

求：(1) 常数 c；(2) $P(-1<X<1)$；(3) 分布函数.

解 (1) $1=\int_{-\infty}^{+\infty}f(x)\,\mathrm{d}x=\int_{0}^{2}cx^2\,\mathrm{d}x=\frac{8}{3}c$，所以 $c=\frac{3}{8}$;

(2) $P(-1<X<1)=\int_{-1}^{1}f(x)\,\mathrm{d}x=\int_{0}^{1}\frac{3}{8}x^2\,\mathrm{d}x=\frac{1}{8}$;

(3) $F(x)=\int_{-\infty}^{x}f(t)\,\mathrm{d}t$，那么

当 $x<0$ 时，有 $F(x)=0$;

当 $0\leqslant x<2$ 时，有 $F(x)=\int_{-\infty}^{x}f(t)\,\mathrm{d}t=\int_{0}^{x}f(t)\,\mathrm{d}t=\frac{1}{8}x^3$;

当 $x\geqslant 2$ 时，有 $F(x)=\int_{-\infty}^{x}f(t)\,\mathrm{d}t=\int_{0}^{2}f(t)\,\mathrm{d}t=1$;

所以分布函数为

$$F(x)=\begin{cases}0 & x<0\\ \frac{1}{8}x^3 & 0\leqslant x<2\\ 1 & x\geqslant 2\end{cases}$$

二、常见连续性随机变量及其分布

1. 均匀分布

设随机变量 X 的密度函数为

$$f(x)=\begin{cases}\dfrac{1}{b-a} & a<x<b\\ 0 & 其他\end{cases}$$

则称 X 为服从参数为 a，b 的均匀分布，记为 $X\sim U(a,\ b)$.

通常服从均匀分布的随机变量 X，可以等可能地取某区间上的所有值.

例 15　某公交车站从早上 7:00 开始每隔 15 分钟到站一辆车．如果一个乘客到达该站的时间服从 7:00～7:30 之间的均匀分布，求等待下列时间的概率：

（1）不到 5 分钟；

（2）超过 10 分钟.

解　设 X 为乘客 7:00 后到达该站所需要的时间，那么 $X\sim U(0,30)$，因此有

等待不到 5 分钟的概率为

$$P(10<X<15)+P(25<X<30)=\int_{10}^{15}\frac{1}{30}\mathrm{d}x+\int_{25}^{30}\frac{1}{30}\mathrm{d}x=\frac{1}{3}$$

等待超过 10 分钟的概率为

$$P(0<X<5)+P(15<X<20)=\int_{0}^{5}\frac{1}{30}\mathrm{d}x+\int_{15}^{20}\frac{1}{30}\mathrm{d}x=\frac{1}{3}$$

2. 指数分布

设随机变量 X 的密度函数为

$$f(x)=\begin{cases}\lambda \mathrm{e}^{-\lambda x} & x>0\\ 0 & 其他\end{cases}$$

则称 X 为服从参数为 $\lambda(\lambda>0)$ 的指数分布，记为 $X\sim E(\lambda)$.

在实际问题中，到某个特定事件发生所需要的等待时间往往服从指数分布．例如，从现在开始到一次地震发生、到爆发一场战争、到你接到一次拨错号码的电话等许多需要等待的时间，都被认为是服从指数分布的.

3. 正态分布

设随机变量 X 的密度函数为

$$f(x)=\frac{1}{\sqrt{2\pi}\sigma}\mathrm{e}^{-\frac{(x-\mu)^2}{2\sigma^2}}\qquad (x\in\mathbf{R})$$

其中 μ，σ^2 为常数，且 $\sigma>0$，则称 X 为服从参数为 μ，σ 的正态分布，记为 $X\sim N(\mu,\ \sigma^2)$.

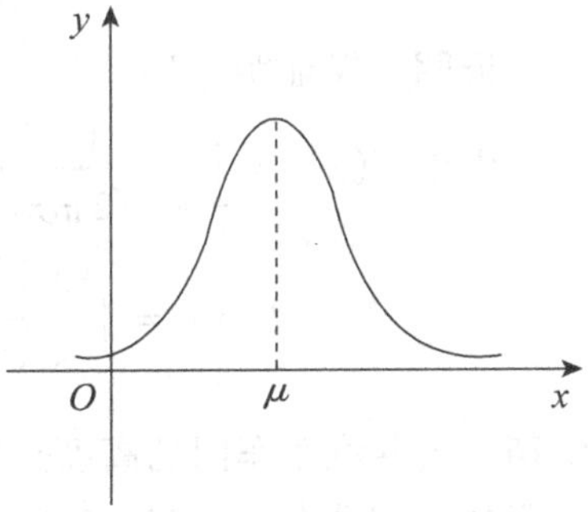

图 4-3

正态分布的密度函数是一条关于 μ 对称的钟形曲线，

如图 4-3 所示.

服从正态分布的随机变量 X 的分布函数为

$$F(x)=\int_{-\infty}^{x}\frac{1}{\sqrt{2\pi}\sigma}e^{-\frac{(t-\mu)^2}{2\sigma^2}}dt\quad(x\in\mathbf{R})$$

在实践中，诸如人的身高、气体分子向任意方向运动的速度及测量物理量所产生的误差等许多随机现象，都被认为是服从(或近似地服从)正态分布的.

当 $\mu=0$，$\sigma=1$ 时，称随机变量 X 为标准正态随机变量，记为 $X\sim N(0,1)$. 习惯上，将其密度函数和分布函数分别记为

$$\varphi(x)=\frac{1}{\sqrt{2\pi}}e^{-\frac{x^2}{2}}\quad(x\in\mathbf{R})$$

$$\Phi(x)=\int_{-\infty}^{x}\frac{1}{\sqrt{2\pi}}e^{-\frac{t^2}{2}}dt\quad(x\in\mathbf{R})$$

对于标准正态分布 $X\sim N(0,1)$，如果 Z_α 满足条件

$$P(X>Z_\alpha)=\alpha\quad(0<\alpha<1)$$

则称 Z_α 为标准正态分布的单侧 α 分位点.

常见的 Z_α 值如下：

α	0.001	0.005	0.01	0.025	0.05	0.10
Z_α	3.090	2.576	2.326	1.960	1.645	1.282

命题 4 设 $\Phi(x)$ 为标准正态随机变量 X 的分布函数，则

(1) $\Phi(-x)=1-\Phi(x)$；

(2) $\Phi(0)=\frac{1}{2}$.

对于 (1)，从积分的几何意义上可以显然得到，而 (2) 明显是 (1) 的推论.

命题 5 设 $X\sim N(\mu,\sigma^2)$，$F(x)$ 为的分布函数，那么

(1) $F(x)=\Phi(\frac{x-\mu}{\sigma})$；

(2) $P(a<X\leqslant b)=\Phi(\frac{b-\mu}{\sigma})-\Phi(\frac{a-\mu}{\sigma})$，$a$，$b$ 为任意常数.

证明 仅证明 (1)，(2) 由 (1) 可以显然得到.

由于 $F(x)=\int_{-\infty}^{x}\frac{1}{\sqrt{2\pi}\sigma}e^{-\frac{(t-\mu)^2}{2\sigma^2}}dt$，令 $\frac{t-\mu}{\sigma}=s$，则

$$F(x)=\int_{-\infty}^{\frac{x-\mu}{\sigma}}\frac{1}{\sqrt{2\pi}\sigma}e^{-\frac{s^2}{2}}\sigma ds=\int_{-\infty}^{\frac{x-\mu}{\sigma}}\frac{1}{\sqrt{2\pi}}e^{-\frac{s^2}{2}}ds=\Phi\left(\frac{x-\mu}{\sigma}\right)$$

例16 公共汽车车门的高度是按男子与车门顶碰头的机会在 1% 以下来设计的，设男子身高服从正态分布 $N(175,6^2)$(单位：cm)，问车门高度应该怎样设定？

解　假设车门的高度为 x，男子的身高为 X，$X\sim N(175, 6^2)$，则有 $P(X>x)\leqslant 1\%$，即 $P(X\leqslant x)\geqslant 0.99$.

由于 $X\sim N(175, 6^2)$，那么

$$\Phi\left(\frac{x-175}{6}\right)\geqslant 0.99$$

查表得 $\frac{x-175}{6}\geqslant 2.33$，从而有 $x\geqslant 188.98\approx 189$，故车门的高度至少为 189cm.

第五节　二维随机变量简介

在实际问题中往往需要多个随机变量来表示试验的结果，比如测量一根木棒的尺寸，可以表示为 (L, D)，其中 L 为木棒的长度，D 为横截面的直径. 如果视 L，D 为随机变量，则 (L, D) 就是一个二维的随机变量. 限于篇幅，本节将简要介绍二维随机变量及其分布的问题.

一、二维随机变量的定义

设有两个随机变量的有序数组，即 (X, Y)，如果它的取值是随试验结果而被确定的，则称 (X, Y) 为二维随机变量.

通常来看，如果两个随机变量 X，Y 都是离散的，则 (X, Y) 就是离散型二维随机变量，如果 X，Y 都是连续的，则 (X, Y) 就是连续型二维随机变量.

与一维函数类似，可以定义二维随机变量的联合分布函数为

$$F(x, y)=P(X\leqslant x, Y\leqslant y)\quad (x, y\in \mathbf{R})$$

其几何意义为：二维随机点 (X, Y) 落在区域 $(-\infty, x]\times(-\infty, y]$ 上的概率为二元函数 $F(x, y)$ 的值.

二、离散型二维随机变量

1. 联合分布律

设离散型二维随机变量 (X, Y) 的所有可能取值为

$$(x_1, y_1), \cdots, (x_i, y_j), \cdots$$

事件 $\{X=x_i, Y=y_j\}$ 的概率为 $P(X=x_i, Y=y_j)=p_{ij}$，则 (X, Y) 的联合分布律为

X \ Y	y_1	$\cdots$	y_j	$\cdots$
x_1	p_{11}	$\cdots$	p_{1j}	$\cdots$
$\vdots$	$\vdots$		$\vdots$	
x_i	p_{i1}	$\cdots$	p_{ij}	$\cdots$
$\vdots$	$\vdots$		$\vdots$	

其中显然有：$p_{ij} \geq 0$，$\sum_{i,j} p_{ij} = 1$.

2. 边缘分布律

设离散型二维随机变量(X, Y)的联合分布律为

$$P(X=x_i, Y=y_j)=p_{ij} \quad (i, j=1, 2, \cdots)$$

则称 $P(X=x_i)=P(X=x_i, Y\leqslant +\infty)$ $(i=1, 2, \cdots)$ 为 X 的边缘分布律. 显然可以得到

$$P(X=x_i, Y\leqslant +\infty)=p_{i1}+p_{i2}+\cdots$$

将之记为 $p_{i\cdot}$，从而 X 的边缘分布律为

X	x_1	$\cdots$	x_i	$\cdots$
P	$p_{1\cdot}$	$\cdots$	$p_{i\cdot}$	$\cdots$

同样可以得到 Y 的边缘分布律为

Y	y_1	$\cdots$	Y_j	$\cdots$
P	$p_{\cdot 1}$	$\cdots$	$p_{\cdot j}$	$\cdots$

对于离散型二维随机变量，也可以讨论独立性：

定义 4.12 设离散型二维随机变量(X, Y)的联合分布律为

$$P(X=x_i, Y=y_j)=p_{ij} \quad (i, j=1, 2, \cdots)$$

如果其边缘分布满足：$p_{ij}=p_{i\cdot}p_{\cdot j}$ $(i, j=1, 2, \cdots)$，则称 X，Y 是独立的随机变量.

例 17 设 X 的边缘分布律为

X	1	2	3
P	0.1	0.4	0.5

Y 的边缘分布律为

Y	-1	2
P	0.2	0.8

且 X，Y 相互独立，求(X, Y)的联合分布律.

解 由独立性可得

$$p_{11}=p_{1\cdot}p_{\cdot 1}=0.1\times 0.2=0.02,\quad p_{12}=p_{1\cdot}p_{\cdot 2}=0.1\times 0.8=0.08$$

$$p_{21}=p_{2\cdot}p_{\cdot 1}=0.4\times 0.2=0.08,\quad p_{22}=p_{2\cdot}p_{\cdot 2}=0.4\times 0.8=0.32$$

$$p_{31}=p_{3\cdot}p_{\cdot 1}=0.5\times 0.2=0.1,\quad p_{32}=p_{3\cdot}p_{\cdot 2}=0.5\times 0.8=0.4$$

即有(X, Y)的联合分布律

Y \ X	−1	2
1	0.02	0.08
2	0.08	0.32
3	0.1	0.4

三、连续型二维随机变量

定义 4.13 对于二维随机变量(X, Y)，如果存在一个非负二元函数$f(x, y)$，使得

$$F(x,y) = \iint\limits_{D_{xy}} f(u,v)\,\mathrm{d}u\mathrm{d}v$$

其中$F(x, y)$是(X, Y)的联合分布函数，积分区域D_{xy}：$-\infty < x \leqslant u$，$-\infty < y \leqslant v$. 则称(X, Y)是连续型的二维随机变量，并称$f(x, y)$是(X, Y)的联合密度函数.

对于联合密度函数有下面的性质：

性质 1 $f(x, y) \geqslant 0$.

性质 2 $\iint\limits_{\mathbf{R}^2} f(x,y)\,\mathrm{d}x\mathrm{d}y = 1$.

性质 3 如果$F(x, y)$有连续的偏导数，则$f(x, y) = F_{xy}(x, y) = F_{yx}(x, y)$.

性质 4 随机点(X,Y)落在区域D上的概率为

$$P((X,Y) \in D) = \iint\limits_{D} f(x,y)\,\mathrm{d}x\mathrm{d}y$$

性质 5 随机点(X, Y)落面积为 0 的区域L(例如直线)上的概率为 0.

如果(X, Y)的联合密度函数为

$$f(x, y) = \begin{cases} \dfrac{1}{A} & (x, y) \in D \\ 0 & \text{其他} \end{cases}$$

其中A为区域D的面积，则称(X, Y)是在区域D服从均匀分布的二维随机变量，记为$(X, Y) \sim D$.

如果(X, Y)的联合密度函数为

$$f(x, y) = \frac{1}{2\pi\sigma_1\sigma_2\sqrt{1-\rho^2}} \times \mathrm{e}^{-\frac{1}{2(1-\rho^2)}\left[\frac{(x-\mu_1)^2}{\sigma_1^2} - 2\rho\frac{(x-\mu_1)(y-\mu_2)}{\sigma_1\sigma_2} + \frac{(y-\mu_2)^2}{\sigma_2^2}\right]}$$

其中$-\infty < x < +\infty$，$-\infty < y < +\infty$，则称(X, Y)服从参数为$\mu_1, \mu_2, \sigma_1^2, \sigma_2^2, \rho$的正态分布，记作$(X, Y) \sim N(\mu_1, \mu_2, \sigma_1^2, \sigma_2^2, \rho)$，其中$\sigma_1, \sigma_2 > 0$，$-1 < \rho < 1$.

上面两种分布都是比较常见的二维连续型分布.

对于连续型的随机变量可以通过联合密度函数来定义独立性.

定义 4.14 设连续型二维随机变量(X, Y)的联合密度函数为$f(x, y)$，如果

$$f(x, y) = f_X(x)f_Y(y)$$

在 $\mathbf{R}^2$ 上几乎处处成立，则称X，Y相互独立，其中

$$f_X(x) = \int_{-\infty}^{+\infty} f(x,y)\,\mathrm{d}y, f_Y(y) = \int_{-\infty}^{+\infty} f(x,y)\,\mathrm{d}x$$

几乎处处成立的意思是指不成立的点组成的平面集合面积为0.

实际上可以证明，$f_X(x)$，$f_Y(y)$分别是X，Y的密度函数. 称$f_X(x)$，$f_Y(y)$分别为X，Y的边缘密度函数.

习题四

1. 设A，B，C是样本空间Ω中的事件(子集)，它们规定如下：$\Omega = \{0, 1, 2, 3, 4, 5\}$，$A = \{1, 3, 5\}$，$B = \{0, 1, 2, 3\}$，$C = \{3, 4, 5\}$. 求：

(1) $A(BC)$　　(2) $\overline{A+B}$

(3) $A+\overline{A}$　　(4) $A+B+C$

(5) $\overline{B}\,\overline{C}$

2. 一个工人生产了4个零件，以事件A_i表示他生产的第i个零件是正品$(1 \leqslant i \leqslant 4)$，试表示下列事件：

(1) 没有一个零件是次品　　(2) 至少有一个零件不是次品

(3) 仅有一个零件是次品　　(4) 至少有2个零件不是次品

3. 设A，B，C，D是四个事件，试用这四个事件表示下列事件：

(1) 这四个事件至少发生一个　　(2) 这四个事件恰好发生两个

(3) A，B都发生而C，D都不发生　　(4) 这四个事件都不发生

(5) 四个事件至多发生一个

4. 一个宿舍中有6名同学，求这6名同学的生日都不相同的概率(设一年365天)？

5. 把10本书任意地放在书架上，用A表示“其中指定的三本书放在一起”，求$P(A)$.

6. 一批灯泡有40只，其中3只是坏的，从中任取5只检查，求以下概率：

(1) 5只都是好的　　(2) 5只中有2只坏的

7. 从一副扑克牌(52张)中任意抽取3张，求抽出的牌中至少有两张花色相同的概率.

8. 设A，B为两个随机事件，$P(A) = 0.4$，$P(A+B) = 0.7$，$P(A-B) = 0.3$，求$P(B)$.

9. 设事件A，B互不相容，已知$P(A) = p$，$P(B) = q$，求：

(1) $P(A+B)$　　(2) $P(\overline{A}+B)$　　(3) $P(\overline{A}B)$

10. 在6副同型号的手套中任取4只，求恰有1双配套的概率.

11. 袋中装有7只球，其中5只红球，2只白球，每次从中任取一球，不放回地连续取两次，则第一次取得白球，第二次取得红球的概率是多少？

12. 已知 $P(A)=1/4$，$P(B|A)=1/3$，$P(A|B)=1/2$，求 $P(A+B)$.
13. 设有来自三个地区的各 10 名、15 名和 25 名考生的报名表，其中女生的报名表分别为 3 份、7 份和 5 份. 现随机地取一个地区的报名表，再从中取一份，求取到的是女生的概率.
14. 设事件 A，B 相互独立. 已知只有 A 发生和只有 B 发生的概率都是 1/4，求 $P(A)$，$P(B)$.
15. 事件 A 与 B 相互独立，已知 $P(A)=0.4$，$P(A+B)=0.7$，求 $P(AB)$ 及 $P(\overline{B}|A)$.
16. 一射手对同一目标射击 4 次，假设每次是否命中目标是相互独立的. 已知至少命中一次的概率为 80/81，则该射手的命中率为多少？
17. 甲、乙、丙三人向同一飞机射击. 假设他们的命中率都是 0.4. 又若只有一人命中时，飞机坠毁的概率为 0.2；恰有两人命中时，飞机坠毁的概率为 0.6；若三人同时命中，飞机必坠毁. 求飞机坠毁的概率.
18. 三人独立译某一密码，他们能译出的概率分别为 1/3，1/4，1/5，求能将密码译出的概率.
19. 有 3 个小球和 2 只杯子，将小球随机地放入杯中，设 X 为有小球的杯子数，求 X 的概率分布.
20. 设随机变量 X 的概率分布为

$$P(X=k)=\frac{k}{15}\quad (k=1,\ 2,\ 3,\ 4,\ 5)$$

求 $P(1/2<X<5/2)$.
21. 设随机变量 X 服从泊松分布. 若 $P(X=1)=P(X=3)$，求 $P(X=4)$.
22. 随机变量 X 的分布密度为

$$f(x)=\begin{cases}\dfrac{c}{\sqrt{1-x^2}} & |x|<1\\ 0 & \text{其他}\end{cases}$$

则 X 落在区间 $\left(-\dfrac{1}{2},\ \dfrac{1}{2}\right)$ 内的概率为多少？
23. 已知随机变量 X 的密度函数为

$$f(x)=\begin{cases}x & 0\leqslant x<1\\ 2-x & 1\leqslant x<2\\ 0 & \text{其他}\end{cases}$$

求：

(1) X 的分布函数　(2) $P(X<0.5)$，$P(X>1.3)$，$P(0.2<x\leqslant 1.2)$
24. 设随机变量 $X\sim N(3,\ 2^2)$，求满足下列条件的 c 值：$P(X>c)=P(X<c)$.
25. 随机变量 $X\sim N(2,\ \sigma^2)$，且满足 $P(0<X<4)=0.3$，求 $P(X<0)$.
26. 设产品寿命（单位为小时）的分布密度函数为

$$f(x)=\begin{cases}\dfrac{A}{x^2} & 1000\leqslant x\leqslant 2000\\ 0 & 其他\end{cases}$$

求：

（1）A；

（2）产品寿命超过1500小时的概率；

（3）某设备上装有三个这样的产品，当三个产品均失效时，则设备不能正常工作；当恰有二个产品失效时，设备正常工作的概率为20%；当恰有一个产品失效时，设备正常工作的概率为80%；当三件产品均有效时，设备正常工作的概率为1. 计算设备累计工作1500小时后，仍能正常工作的概率.

第五章 随机变量的数字特征

分布函数反映了随机变量的全部信息．但是在实际问题中时往往不需要随机变量的全貌，只需要它的某个侧面，即找出几个实数来描述随机变量的某些局部信息．这样的实数就叫作随机变量的数字特征．本章介绍数学期望、方差、相关系数 3 个数字特征，作为数字特征的应用还介绍了大数定律和中心极限定理等概率论的经典内容．

第一节 数学期望

在长度测量中，有一种平均值叫加权平均值，能够反映出数据的平均取值程度．例如测量某物体的长度，有以下数据：

测量数据(单位：sm)	98	99	100	101
出现的次数	5	4	6	5

为找到该物体的测量长度值，需要计算平均值，即

$$\frac{98\times5+99\times4+100\times6+101\times5}{20}=98\times\frac{5}{20}+99\times\frac{4}{20}+100\times\frac{6}{20}+101\times\frac{5}{20}$$

实际上计算的是 98，99，100，101 这四个数据分别以$\frac{5}{20}$，$\frac{4}{20}$，$\frac{6}{20}$，$\frac{5}{20}$为权重的加权平均值．

将加权平均值的概念推广到随机变量中来，可得数学期望的概念．

一、数学期望的定义

定义 5.1 设 X 为离散型随机变量，其分布律为

$$P\{X=x_k\}=p_k \quad (k=1,\ 2,\ \cdots)$$

如果级数 $\sum_{k=1}^{\infty}x_kp_k$ 绝对收敛，则称级数和 $\sum_{k=1}^{\infty}x_kp_k$ 为 X 的数学期望，记为 $E(X)$．

定义 5.2 设 X 为连续型随机变量，其密度函数为 $f(x)$，如果积分

$$\int_{-\infty}^{+\infty}xf(x)\,\mathrm{d}x$$

绝对收敛，则称积分值 $\int_{-\infty}^{+\infty}xf(x)\,\mathrm{d}x$ 为 X 的数学期望，记为 $E(X)$．

例 1 假设某螃蟹的进价为每公斤 30 元，销售价为每公斤 50 元，过几天如果螃蟹死后则没有价值. 某公司欲收购螃蟹进行销售，根据销售处近几年的统计资料，得到今年可能的市场需求量及其概率评估为

需求量(单位公斤)	300	400	500	600
概率	0.1	0.2	0.4	0.3

问：该公司收购 500 公斤和 600 公斤两种策略哪种更好？

解 分别计算收购量为 500、600 公斤的利润数学期望值.

(1) 如果收购 500 公斤，那么利润的分布律为

需求量	300	400	500	600
售出量	300	400	500	500
利润	0	500	10000	10000
概率	0.1	0.2	0.4	0.3

此时利润的数学期望是：

$$0\times 0.1+500\times 0.2+10000\times 0.4+10000\times 0.3=8000$$

(2) 如果收购 600 公斤，那么利润的分布律为

需求量	300	400	500	600
售出量	300	400	500	600
利润	-3000	2000	7000	12000
概率	0.1	0.2	0.4	0.3

此时利润的数学期望是：

$$-3000\times 0.1+2000\times 0.2+7000\times 0.4+12000\times 0.3=6500$$

所以应该选择收购 500 公斤螃蟹的策略.

例 2 某电子元件的寿命 X(单位为年)为随机变量，它的密度函数为

$$f(x)=\begin{cases}\frac{1}{4}e^{-\frac{1}{4}x} & x>0\\ 0 & x\leqslant 0\end{cases}$$

求该电子元件的平均使用寿命.

解 $E(X)=\int_{-\infty}^{+\infty}xf(x)\mathrm{d}x=\int_{0}^{+\infty}x\,\frac{1}{4}e^{-\frac{1}{4}x}\mathrm{d}x=4$

即电子元件的平均使用寿命为 4 年.

二、随机变量函数的期望

在实际问题中往往需要计算一些比较复杂的数学期望，即随机变量函数的期望.

关于随机变量 X 的函数 $Y=g(X)$，如果 X 是离散型随机变量，其分布律为

$$P(X=x_i)=p_i \quad (i=1, 2, \cdots)$$

且级数 $\sum\limits_{i=1}^{+\infty} g(x_i)p_i$ 绝对收敛，则 $E(Y)=\sum\limits_{i=1}^{+\infty} g(x_i)p_i$. 如果 X 是连续型随机变量，且 X 的密度函数为 $f(x)$，且积分 $\int_{+\infty}^{-\infty} g(x)f(x)\mathrm{d}x$ 绝对收敛，则 $E(Y)=\int_{+\infty}^{-\infty} g(x)f(x)\mathrm{d}x$.

设 $Z=g(X,Y)$ 是关于随机变量 X,Y 的函数，若离散型二维随机变量 (X,Y) 的联合分布律为

$$P(X=x_i,Y=y_j)=p_{ij} \quad (i,j=1,2,\cdots)$$

且级数 $\sum\limits_{i,j} g(x_i,y_j)p_{ij}$ 绝对收敛，则 $E(Z)=\sum\limits_{i,j} g(x_i,y_j)p_{ij}$.

例 3　设 $X \sim U(-1, 2)$，求 $Y=X^2$ 的数学期望.

解　X 的密度函数为 $f(x)=\begin{cases}\frac{1}{3} & -1<x<2 \\ 0 & 其他\end{cases}$，则

$$E(Y)=\int_{-\infty}^{+\infty} x^2 f(x)\mathrm{d}x=\int_{-1}^{2}\frac{x^2}{3}\mathrm{d}x=1$$

例 4　设二维随机变量 (X, Y) 的联合分布律为

X \ Y	-1	2
1	0.2	0.1
2	0	0.2
3	0.1	0.4

求：$E(X+Y)$，$E(XY)$.

解　$E(X+Y)=(1-1)\times 0.2+(1+2)\times 0.1+(2-1)\times 0+(2+2)\times 0.2+(3-1)\times 0.1+(3+2)\times 0.4$

$=3.3$

$E(XY)=1\times(-1)\times 0.2+1\times 2\times 0.1+2\times(-1)\times 0+2\times 2\times 0.2+3\times(-1)\times 0.1+3\times 2\times 0.4$

$=2.9$

三、数学期望的性质

设 X，Y 为随机变量，且它们的数学期望都存在，则有

(1) $E(a)=a$，其中 a 为任意常数；

(2) $E(aX+bY)=aE(X)+bE(Y)$，其中 a，b 为任意常数；

(3) 如果 X，Y 相互独立，则 $E(XY)=E(X)E(Y)$.

证明从略.

例 5 有一对射击手 9 人，每个人射中靶子的概率为 0.8，进行射击到各自射中为止，但每人最多射 3 次，问平均需要为它们准备多少发子弹？

解 设 X_i 为第 i 名射手所需的子弹数，$i=1$，…，9，则所需子弹总数为

$$X=X_1+\cdots+X_9$$

X_i 的分布律为

X_i	1	2	3
P	0.8	0.16	0.04

所以 $E(X_i)=1\times0.8+2\times0.16+3\times0.04=1.24$，那么子弹总数 X 的数学期望为

$$E(X)=E(X_1)+\cdots+E(X_9)=9\times1.24=11.16$$

即平均要准备 12 发子弹.

第二节　方差

很多数据平均值相同，但也会有本质的不同，如在 A，B 两地的 6 个月的平均温度(单位：度)如下：

	1 月	2 月	3 月	4 月	5 月	6 月	平均气温
A	18	17	23	19	21	22	20
B	10	0	−10	50	40	30	20

可以看出它们的平均气温都是 20，但是它们的取值与 20 的偏离程度有明显的不同. 对于随机变量也是一样的，即使两个随机变量的数学期望相同，它们的值与均值的偏离程度也会有所不同. 为度量这种取值与均值的偏离程度，本节将引入方差的概念.

一、方差的定义

定义 5.3 设 X 为随机变量，若 $E[X-E(X)]^2$ 存在，则称 $E[X-E(X)]^2$ 为 X 的方差，记为 $D(X)$，而 $\sqrt{D(X)}$ 称为 X 的标准差.

方差 $D(X)$ 的大小度量了 X 取值相对均值而言的偏离程度.

方差的计算通常按下面的命题给出的结论进行：

命题 1 设 X 为随机变量，X 的方差存在，则 $D(X)=E(X^2)-[E(X)]^2$.

证明从略.

命题 2　设 X, Y 为随机变量，它们的方差都存在，则

(1) $D(C)=0$，其中 C 为任意常数，下同；

(2) $D(CX)=C^2D(X)$；

(3) $D(X+Y)=D(X)+D(Y)+2E\{[X-E(X)][Y-E(Y)]\}$，特别地，如果 X, Y 相互独立，有

$$D(X+Y)=D(X)+D(Y)$$

(4) $D(X+C)=D(X)$；

(5) $P(X=C)=1$ 的充分必要条件为 $D(X)=0$.

证明从略.

例 6　设随机变量 X 的密度函数为 $f(x)=\begin{cases}2x & 0\leqslant x\leqslant 1\\ 0 & \text{其他}\end{cases}$，求 $D(X)$.

解　$E(X)=\int_{-\infty}^{+\infty}xf(x)\mathrm{d}x=\int_0^1 x\cdot 2x\mathrm{d}x=\frac{2}{3}$

$$E(X^2)=\int_{-\infty}^{+\infty}x^2f(x)\mathrm{d}x=\int_0^1 x^2\cdot 2x\mathrm{d}x=\frac{1}{2}$$

$$D(X)=E(X^2)-[E(X)]^2=\frac{1}{2}-\left(\frac{2}{3}\right)^2=\frac{1}{18}$$

例 7　设 $X\sim N(-1,4)$, $Y\sim N(2,9)$，且 X, Y 独立，求：

(1) $E(2X-Y)$, $D(2X-Y)$　　(2) $P(2X>Y+1)$

解 (1) $E(2X-Y)=2E(X)-E(Y)=-4$；$D(2X-Y)=4D(X)+D(Y)=25$.

(2) 由于 $2X-Y\sim N(\mu,\sigma^2)$，所以 $\mu=-4$, $\sigma^2=25$，则

$$P(2X>Y+1)=P(2X-Y>1)=1-P(2X-Y\leqslant 1)$$

$$=1-\Phi\left(\frac{1-(-4)}{5}\right)=1-\Phi(1)\approx 0.1587$$

在理论和实际分析中，常需要通过期望和方差来估计概率，下面给出的切比雪夫不等式是常见的工具之一.

命题 3　设随机变量 X 存在期望和方差，对任意正数 $\varepsilon>0$，则有

$$P(|X-E(X)|\geqslant\varepsilon)\leqslant\frac{D(X)}{\varepsilon^2}$$

或者

$$P(|X-E(X)|<\varepsilon)\geqslant 1-\frac{D(X)}{\varepsilon^2}$$

例 8　设某工厂一周的产量为均值为 50 的随机变量，若已知产量的方差为 25，问该工厂一周的产量在 40 到 60 之间的概率至少有多少？

解　设 X 为该厂一周的常量，则

$$P(40\leqslant X\leqslant 60)=P(|X-50|\leqslant 10)\geqslant 1-\frac{25}{10^2}=75\%$$

即产量在 40 到 60 之间的概率至少有 75%.

二、常见随机变量分布及数字特征

在第 4 章介绍了 6 种常见的随机变量，它们都存在数学期望与方差，见表 5 - 1.

表 5 - 1　常见随机变量分布及数字特征

随机变量	分布	数学期望	方差
0 - 1 分布	$P(X=1)=p$，$P(X=0)=1-p$	p	$p(1-p)$
$B(n,p)$	$P(X=k)=C_n^kp^k(1-p)^{n-k}\quad(k=0,1,2,\cdots,n)$	np	$np(1-p)$
$P(\lambda)$	$P(X=k)=\dfrac{\lambda^k e^{-\lambda}}{k!}\quad(k=0,1,2,\cdots)$	λ	λ
$U(a,b)$	$f(x)=\begin{cases}\dfrac{1}{b-a} & a<x<b,\\ 0 & 其他\end{cases}$	$\dfrac{a+b}{2}$	$\dfrac{(b-a)^2}{12}$
$E(\lambda)$	$f(x)=\begin{cases}\lambda e^{-\lambda x} & x>0\\ 0 & 其他\end{cases}$	$\dfrac{1}{\lambda}$	$\dfrac{1}{\lambda^2}$
$N(\mu,\sigma^2)$	$f(x)=\dfrac{1}{\sqrt{2\pi}\sigma}e^{-\frac{(x-\mu)^2}{2\sigma^2}}$	μ	σ^2

第三节　协方差和相关系数

本节介绍用数字特征来讨论两个随机变量之间的某种关系. 由上一节知道，如果 X，Y 相互独立，则有 $D(X+Y)=D(X)+D(Y)$，从而 $E\{[X-E(X)][Y-E(Y)]\}=0$；反之，如果有 $E\{[X-E(X)][Y-E(Y)]\}\neq 0$，则 X，Y 不独立. 上述结论表明 X，Y 具备某种关系，下面将要讨论这种关系.

一、协方差

定义 5.4　称 $E\{[X-E(X)][Y-E(Y)]\}$ 为协方差，记为 $\mathrm{cov}(X,Y)$，即

$$\mathrm{cov}(X,Y)=E\{[X-E(X)][Y-E(Y)]\}$$

一般不用定义计算协方差，通过数学期望的性质有

$$\mathrm{cov}(X,Y)=E(XY)-E(X)E(Y)$$

这是计算协方差常用的公式.

例 9　设二维随机变量(X, Y)的联合分布律为

X \ Y	-1	2
1	0.2	0.1
2	0	0.2
3	0.1	0.4

求 $\mathrm{cov}(X, Y)$.

解　
$$E(XY)=1\times(-1)\times0.2+1\times2\times0.1+2\times(-1)\times0+2\times2\times0.2+3\times(-1)\times0.1+3\times2\times0.4=2.9$$

$$E(X)=1\times(0.2+0.1)+2\times(0+0.2)+3\times(0.1+0.4)=2.2$$

$$E(Y)=-1\times(0.2+0+0.1)+2\times(0.1+0.2+0.4)=1.1$$

$$\mathrm{cov}(X, Y)=E(XY)-E(X)E(Y)=2.9-2.2\times1.1=0.48$$

协方差有下面一些常见的性质:

性质 1　$\mathrm{cov}(X, Y)=\mathrm{cov}(Y, X)$.

性质 2　$\mathrm{cov}(X, X)=D(X)$.

性质 3　$\mathrm{cov}(aX, bY)=ab\mathrm{cov}(X, Y)$, 其中 a, b 是常数.

性质 4　$D(X+Y)=D(X)+D(Y)+2\mathrm{cov}(X, Y)$.

性质 5　如果 X, Y 相互独立, 则 $\mathrm{cov}(X, Y)=0$.

一般情况下, 性质 5 的逆命题不成立, 从而有 $\mathrm{cov}(X, Y)\neq0$ 时, 代表着 X, Y 具备某种关系.

二、相关系数

定义 5.5　设 X, Y 是随机变量, 称$\dfrac{\mathrm{cov}(X, Y)}{\sqrt{D(X)}\sqrt{D(Y)}}$为 X, Y 的相关系数, 记为 ρ_{XY}, 即

$$\rho_{XY}=\frac{\mathrm{cov}(X, Y)}{\sqrt{D(X)}\sqrt{D(Y)}}$$

显然相关系数与协方差在数值上仅相差一个倍数, 所以 ρ_{XY}的取值也会代表着 X, Y 具备某种关系, 下面将会证明这种关系实际上就是线性关系.

定义 5.6　对于随机变量 X, Y, 如果存在常数 a, b, 使得 $Y=aX+b$, 则称 X, Y 具备线性关系.

相关系数可以度量两个随机变量具备线性关系的程度.

定理 5.1 对 X，Y 的相关系数 ρ_{XY} 有：

(1) $|\rho_{XY}|\leqslant 1$；

(2) $|\rho_{XY}|=1$ 的充分必要条件为 X，Y 以全概率具备线性关系，即存在常数 a，b，使得 $P(Y=aX+b)=1$.

定理的证明从略，从该定理可以进一步得出 $|\rho_{XY}|$ 越大，X，Y 具备线性关系的程度越大. 当 $\rho_{XY}=0$ 时，X，Y 具备线性关系的程度最弱，此时称 X，Y 不相关.

例 10 设二维随机变量 (X, Y) 的联合分布律为

X \ Y	2	0
4	0.1	0
0	0	0.9

求 ρ_{XY}.

解 $E(XY)=0.8$，$E(X)=0.4$，$E(Y)=0.2$，$\mathrm{cov}(X, Y)=0.72$，$D(X)=1.44$，$D(Y)=0.36$ 从而 $\rho_{XY}=1$.

例 11 设随机变量 $\theta\sim U(-\pi, \pi)$，$X=\cos\theta$，$Y=\sin\theta$，求 ρ_{XY}.

解 θ 的密度函数为 $f(x)=\begin{cases}\dfrac{1}{2\pi} & -\pi<x<\pi \\ 0 & \text{其他}\end{cases}$，

$$E(XY)=\int_{-\pi}^{\pi}\frac{\cos x\sin x}{2\pi}\mathrm{d}x=0, E(X)=\int_{-\pi}^{\pi}\frac{\cos x}{2\pi}\mathrm{d}x=0$$

则 $\mathrm{cov}(X, Y)=E(XY)-E(X)E(Y)=0$，从而 $\rho_{XY}=0$.

第四节 大数定律与中心极限定理

在概率论中有很多经典的问题，如：事件的频率 $f_n(A)$ 为什么会稳定于概率？在抽样调查中为什么抽样均值可以代替总体均值？正态分布为什么在概率中的地位很重要？这些问题无论在概率论历史上还是在应用上都是非常重要的. 本节作为数字特征的应用，将讨论大数定律及中心极限定理，以回答上述问题.

一、大数定律

定理 5.2（贝努里大数定律） 设随机变量 $\mu_n\sim B(n, p)$，则对任意 $\varepsilon>0$，都有

$$\lim_{n\to\infty}P\left(\left|\frac{\mu_n}{n}-p\right|<\varepsilon\right)=1$$

证明从略. 从贝努里大数定律可以看出$\frac{\mu_n}{n}$与 p 在概率意义上无限接近，如果将$\frac{\mu_n}{n}$视为某事件的频率$f_n(A)$，则该定律证明了当 n 无限增加时，频率$f_n(A)$与概率取值 p 在概率意义上无限靠近，即频率具备稳定性.

定理 5.3（辛钦大数定律） 设随机序列 X_1，…，X_n，…独立同分布，且 $E(X_i)=a$，则对任意 $\varepsilon>0$，有

$$\lim_{n\to\infty}P\left(\left|\frac{X_1+\cdots+X_n}{n}-a\right|<\varepsilon\right)=1$$

证明从略. 如果将 a 视为某物体的精确值，X_i 的取值视为多次测量的取值，则由辛钦大数定律有在 n 充分大时，$\frac{X_1+\cdots+X_n}{n}\approx a$，这是在实际测量时经常采用的计算方法.

二、中心极限定理

在实际问题中，经常需要研究 n 个独立同分布的随机变量 $X_1,\cdots,X_n$ 的和 $\sum_{i=1}^{n}X_i$ 的分布，通常它的精确分布是很难给出的，但是中心极限定理却能给出它的近似分布，为计算该问题提供了方便.

定理 5.4（拉普拉斯中心极限定理） 设$\mu_n\sim B(n,p)$，则对任意 $x\in\mathbf{R}$，有

$$\lim_{n\to\infty}P\left\{\frac{\mu_n-np}{\sqrt{np(1-p)}}\leqslant x\right\}=\frac{1}{\sqrt{2\pi}}\int_{-\infty}^{x}\mathrm{e}^{-\frac{t^2}{2}}\mathrm{d}t=\Phi(x)$$

证明从略. 该定理表明当n充分大时，$\frac{\mu_n-np}{\sqrt{np(1-p)}}$近似服从标准正态分布，因此在计算 n 较大时的二项分布时，可以用正态分布来作近似计算.

定理 5.5（独立同分布中心极限定理） 设随机序列 $X_1,\cdots,X_n,\cdots$ 独立同分布，且 $E(X_i)=\mu,D(X_i)=\sigma^2$，则对任意 $x\in\mathbf{R}$，有

$$\lim_{n\to\infty}P\left\{\frac{X_1+\cdots+X_n-n\mu}{\sqrt{n}\sigma}\leqslant x\right\}=\frac{1}{\sqrt{2\pi}}\int_{-\infty}^{x}\mathrm{e}^{-\frac{t^2}{2}}\mathrm{d}t=\Phi(x)$$

证明从略. 该定理表明当 n 充分大时，$\frac{X_1+\cdots+X_n-n\mu}{\sqrt{n}\sigma}$近似服从标准正态分布，于是显然当 n 充分大时有 $X_1+\cdots+X_n$ 近似服从正态分布. 从而说明了，在实际问题中如果一个随机变量是多个随机变量的综合影响结果，且每一个随机变量的影响所起的作用是微小的，那么该随机变量可以视为服从正态分布.

例12　设，$X_1,X_2,\cdots,X_{100}$ 相互独立，$E(X_i)=10$，$D(X_i)=100$　$(i=1,\cdots,100)$ 求 $P(900<X_1+\cdots+X_{100}<1200)$.

解　$E(X_1+\cdots+X_{100})=1000,D(X_1+\cdots+X_{100})=10000$，由中心极限定理得到 $X_1+\cdots+X_n$ 近似服从正态分布 $N(1000,10000)$，于是

$$P(900 < X_1 + \cdots + X_{100} < 1200) \approx \Phi\left(\frac{1200-1000}{100}\right) - \Phi\left(\frac{900-1000}{100}\right)$$
$$= \Phi(2) - \Phi(-1) = \Phi(2) - 1 + \Phi(1) \approx 0.8185$$

例 13 设 $X \sim B(100, 0.1)$，求 $P(X \leqslant 15)$.

解 $E(X)=10$，$D(X)=9$，由中心极限定理得到 X 近似服从正态分布 $N(10, 9)$，于是

$$P(X \leqslant 15) \approx \Phi\left(\frac{15-10}{3}\right) = \Phi\left(\frac{5}{3}\right) \approx 0.9525$$

例 14 某车间有 200 台独立工作的机床. 开工率各为 0.6，开工时每台需耗电 1kW. 问：要以 99.9% 的把握使工厂正常运行，应给工厂供多少电？

解 设给工厂供电 akW，开工的机床数为 X，则 $X \sim B(200, 0.6)$. 由 $E(X)=120$，$D(X)=48$，则 X 近似服从正态分布 $N(120, 48)$，于是

$$P\{\text{工厂正常运行}\} = P(X \leqslant a) \approx \Phi\left(\frac{a-120}{\sqrt{48}}\right) \geqslant 99.9\%$$

查表得 $\Phi(3.01) \approx 99.9\%$，所以 $\frac{a-120}{\sqrt{48}} \geqslant 3.01$，得到 $a \geqslant 140.85$，即要以 99.9% 的把握使工厂正常运行，应至少给工厂供电 141kW.

习题五

1. 设 X 的分布律为

X	-1	0	0.5	1	2
概率	1/3	1/6	1/6	1/12	1/4

求：

(1) $E(X)$　(2) $E(-X+1)$　(3) $E(X^2)$　(4) $D(X)$

2. 袋中有 n 张卡片，记有号码 1，2，…，n. 现从中有放回抽出 k 张卡片来，求号码之和 X 的期望.

3. 某产品的次品率为 0.1，检验员每天检验 4 次. 每次随机地抽取 10 件产品进行检验，如发现其中的次品数多于 1，就去调整设备. 以 X 表示一天中调整设备的次数，试求 $E(X)$（设诸产品是否为次品是相互独立的）.

4. 据统计，一位 60 岁的健康（一般体检未发生病症）者，在 5 年之内仍然活着和自杀死亡的概率为 p $(0<p<1$，p 为已知)，在 5 年之内非自杀死亡的概率为 $1-p$，保险公司开办 5 年人寿保险，条件是参加者需交纳人寿保险费 a 元（a 已知），若 5 年内非自杀死亡，公司赔偿 b 元（$b>a$），应如何确定 b 才能使公司可期望获益，若有 m 人参加保险，公

司可期望从中收益多少?

5. 设随机变量 X 的概率密度为 $f(x)=\begin{cases}2(1-x) & 0<x<1\\ 0 & 其他\end{cases}$，求 $E(X)$，$D(X)$.

6. 设随机变量 X 的概率密度为 $f(x)=\frac{1}{2}e^{-|x|}$，求 $E(X)$，$E(X^2)$.

7. 设随机变量 X 的概率密度为 $f(x)=\begin{cases}e^{-x} & x>0\\ 0 & x\leqslant 0\end{cases}$，求 $E(X)$，$E(2X)$，$E(X+e^{-2X})$，$D(X)$.

8. 设二维随机变量 (X,Y) 的联合分布律为

Y \ X	0	1
0	0.3	0.2
1	0.4	0.1

求 ρ_{XY}.

9. 设随机变量 X 的方差 $D(X)=16$，随机变量 Y 的方差 $D(Y)=25$，又 X 与 Y 的相关系数 $\rho_{XY}=0.5$，求 $D(X+Y)$ 与 $D(X-Y)$.

10. 一颗骰子连续掷 4 次，点数总和记为 X，试估计 $P\{10<X<18\}$.

11. 有一批建筑房屋用的木柱，其中 80% 的长度不小于 3m. 现从这批木柱中随机地取出 100 根，问其中至少有 30 根短于 3m 的概率是多少?

12. 一部件包括 10 部分，每部分的长度是一个随机变量，它们相互独立，服从同一分布，其数学期望为 2mm，均方差为 0.05mm，规定总长度为 (20 ± 0.1) mm 时产品合格，试求产品合格的概率.

13. 据以往经验，某种电器元件的寿命服从均值为 100 小时的指数分布. 现随机地取 16 只，设它们的寿命是相互独立的，求这 16 只元件的寿命的总和大于 1920 小时的概率.

14. 检验员逐个地检查某种产品，每次花 10 秒钟检查一个，但也可能有的产品需要重复检查一次再用去 10 秒钟，假定每个产品需要重复检查的概率为 12%，求在 8 小时内检验员检查的产品多于1900 个的概率是多少?

15. 某人寿保险公司里有 3000 个同龄的人参加人寿保险，在 1 年内每人的死亡概率为 0.1%，参加保险的人在 1 年的第一天交付保险费用 10 元，死亡时家属可以从保险公司领取 2000 元. 利用中心极限定理求保险公司亏本的概率.

第六章　数理统计初步

前两章讨论了概率论的内容，本章讨论数理统计及其应用. 概率论主要是已知随机变量分布的情况下，研究随机变量的性质，而数理统计则是利用概率理论对随机现象进行多次观察试验，研究合理地获取数据，并整理、分析数据从而对某些实际问题做出推断和决策的学科. 本章将要讨论数理统计的基本概念，以及参数估计、假设检验和一元线性回归分析等问题.

第一节　数理统计的基本概念

一、总体和样本

统计推断问题是统计学的基本问题之一，所谓统计推断问题通常是指：从一个集合中选取一部分元素，对这部分元素进行某数量指标的测量，根据测量结果来推断集合中全部元素的数量指标的分布情况. 在统计学中，将所研究的全部元素组成的集合称为总体，每一个元素成为个体，抽取的部分元素称为样本，抽取的部分元素的数量称为样本容量，抽取的部分元素的测量值称为样本值.

例如，在研究某城市所有大学生月生活消费额的时候，该市全体大学生就组成了总体，如果从中抽取 10000 人进行月生活消费额的统计，那么这 10000 人就是样本，样本容量为 10000，而 10000 人中每个人的月生活消费额就是样本值.

在统计学中，通常用 X 表示所测量的数量指标，显然每个个体 X 的取值是不同. 在试验中，若测量了样本的样本值，就观察到了 X 这样或那样的取值，因此为便于研究将 X 视为随机变量.

从总体中随机地选取 n 个个体，用 X_1，…，X_n 表示，它们也是随机变量. 若从 n 个个体中得到了测量值$(x_1, \cdots, x_n)$，那么这 n 个值就是 X_1，…，X_n 的一组样本值.

定义 6.1　如果总体 X 的样本 X_1，…，X_n 满足：

（1）X_i 与 X 具有相同的分布；

（2）X_1，…，X_n 相互独立，

那么就称 X_1，…，X_n 为简单随机抽样.

简单随机抽样保证了样本与总体具有相似的数据结构，本节所有的抽样均为简单随机抽样.

样本可以反映总体的信息，但不能直接反映，需要作数学处理.

定义 6.2 设总体 X 的样本 X_1，…，X_n，如果函数 $f(X_1, \cdots, X_n)$ 不含任何未知参数，则称 $f(X_1, \cdots, X_n)$ 为 X 的一个统计量. 如果 $(x_1, \cdots, x_n)$ 为 X_1，…，X_n 的一组测量值，那么

$$f(x_1, \cdots, x_n)$$

就是统计量 $f(X_1, \cdots, X_n)$ 的观测值.

如 X_1，X_2 为从总体 $X \sim N(\mu, \sigma^2)$ 中抽取的两个子样，其中 μ，σ 为未知参数，那么 $\frac{X_1 + X_2}{2}$ 就是一个统计量，而 $\frac{X_1\mu + X_2}{2\sigma}$ 就不是统计量.

设总体 X 的样本 X_1，…，X_n，那么下面是一些常见的统计量.

一阶原点矩（又叫样本均值）：$A_1 = \frac{1}{n}\sum_{i=1}^{n} X_i$，记为 $\overline{X}$；

二阶原点矩：$A_2 = \frac{1}{n}\sum_{i=1}^{n} X_i^2$；

一阶中心矩：$B_1 = \frac{1}{n}\sum_{i=1}^{n} (X_i - \overline{X})$；

二阶中心矩：$B_2 = \frac{1}{n}\sum_{i=1}^{n} (X_i - \overline{X})^2$；

样本方差：$S^2 = \frac{1}{n-1}\sum_{i=1}^{n} (X_i - \overline{X})^2$.

例 1 设样本 X_1，…，X_4 的一组观察值为 $(1, 2, -1, 4)$，求样本均值、样本方差、二阶中心矩.

解 $\overline{X} = \frac{1+2-1+4}{4} = 1.5$

$$S^2 = \frac{(1-1.5)^2 + (2-1.5)^2 + (-1-1.5)^2 + (4-1.5)^2}{4-1} = 4.33$$

$$B_2 = \frac{(1-1.5)^2 + (2-1.5)^2 + (-1-1.5)^2 + (4-1.5)^2}{4} = 3.25$$

二、统计量的分布

1. 正态总体样本均值的分布

设总体 X 的样本 X_1，…，X_n，且总体 $X \sim N(\mu, \sigma^2)$，那么有

$$\overline{X} \sim N\left(\mu, \frac{\sigma^2}{n}\right)$$

从而有

$$\frac{\overline{X}-\mu}{\frac{\sigma}{\sqrt{n}}} \sim N(0,\ 1)$$

2. χ^2 分布

设总体 X 的样本 X_1，…，X_n，且总体 $X \sim N(0,\ 1)$，那么称统计量

$$\chi^2 = X_1^2 + \cdots + X_n^2$$

为服从自由度为 n 的 χ^2 分布，记为 $\chi^2 \sim \chi^2(n)$.

χ^2 的密度函数表达式从略，其图像大致如图 6－1 所示.

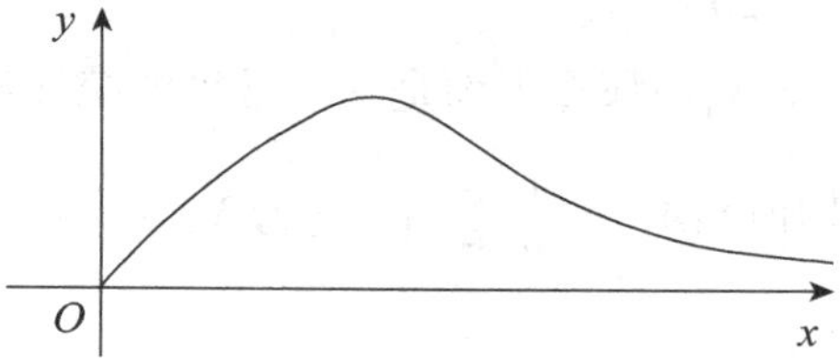

图 6－1

3. t 分布

设 $X \sim N(0,\ 1)$，$Y \sim \chi^2(n)$，且 X，Y 相互独立，则称 $T = \frac{X}{\sqrt{Y/n}}$ 为服从自由度为 n 的 t 分布，记为 $T \sim t(n)$.

t 分布的密度函数表达式从略，其图像大致如图 6－2 所示.

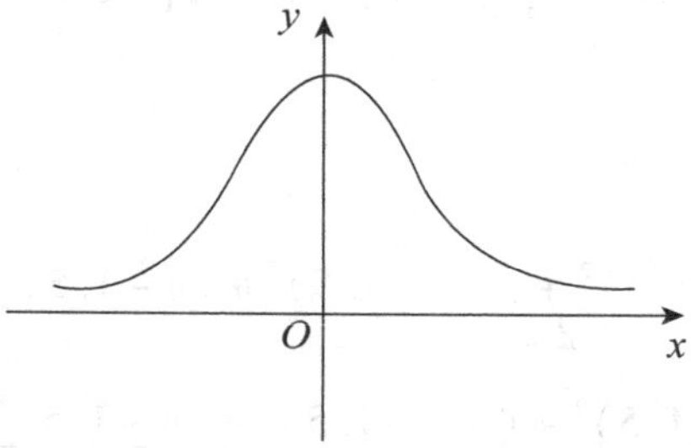

图 6－2

关于 t 分布下面的结论成立：

$$\frac{\overline{X}-\mu}{\frac{S}{\sqrt{n}}} \sim t(n-1)$$

其中 $S = \sqrt{\frac{1}{n-1}\sum_{i=1}^{n}(X_i - \overline{X})^2}$. 证明从略.

4. F 分布

如果 U，V 独立，且 $U\sim\chi^2(n)$，$V\sim\chi^2(m)$，则称 $F=\dfrac{U/n}{V/m}$为服从自由度为$(n,\ m)$的 F 分布，记为 $F\sim F(n,\ m)$.

F 分布的密度函数表达式从略，其图像大致如图 6－3 所示.

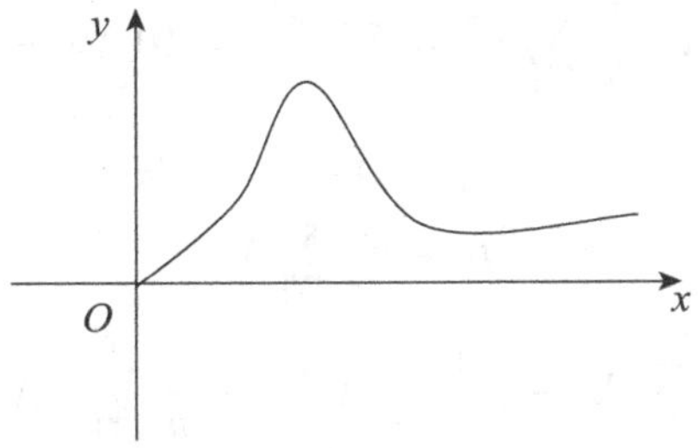

图 6－3

第二节　参数估计

在很多实际问题中，总体 X 的分布的类型是已知的，未知的是其分布中的一个或几个参数. 通过构造合理的统计量可以将未知的参数估计出来. 例如，在经营决策时需要估计某产品的潜在销售额；在研究某电子产品的寿命时，需要估计产品的寿命. 这些问题称为参数估计问题. 参数估计分为点估计和区间估计.

一、点估计

1. 矩估计法

定理　假设随机变量序列 X_1，…，X_n，…独立同分布，且每个 X_i 与随机变量 X 同分布，记

$$A_k=\frac{1}{n}\sum_{i=1}^{n}X_i^k,\ \mu_k=E(X^k)\quad(k=1,\cdots,n,\cdots)$$

那么对任意的正数 ε，有

$$\lim_{n\to\infty}P(\mid A_k-\mu_k\mid<\varepsilon)=1$$

从该定理可以看到，当 n 充分大时，A_k 的取值将非常密集地聚集在 μ_k 附近. 因此如果 X_1，…，X_n 是取自总体 X 的样本，且设 $E(X^k)=\mu_k(\theta)$，其中 θ 为待估计的参数，那么就可以令

$$A_k=\mu_k(\theta)$$

从中解出 $\hat{\theta}$，作为 θ 的估计值，这种求未知参数的估计值的方法称为矩估计法.

例 2 设某产品的重量 $X \sim N(\mu, \sigma^2)$（单位：kg），现从该产品中随机抽取 5 个产品测得重量分别为：

1623　　1527　　1287　　1432　　1591

求 μ，σ^2 的估计值.

解 由 $A_1 = \mu_1$，$A_2 = \mu_2$ 得

$$\frac{1}{n}\sum_{i=1}^{n} X_i = E(X) = \mu,\ \frac{1}{n}\sum_{i=1}^{n} X_i^2 = E(X^2) = D(X) - [E(X)]^2 = \sigma^2 - \mu^2$$

解得

$$\hat{\mu} = \frac{1}{n}\sum_{i=1}^{n} X_i$$

$$\hat{\sigma}^2 = \frac{1}{n}\sum_{i=1}^{n} X_i^2 + \left(\frac{1}{n}\sum_{i=1}^{n} X_i\right)^2 = \frac{1}{n}\sum_{i=1}^{n} (X_i - \overline{X})^2$$

于是有

$$\hat{\mu} = \frac{1}{5}(1623 + 1527 + 1287 + 1432 + 1591) = 1492$$

$$\begin{aligned}\hat{\sigma}^2 &= \frac{1}{5}[(1623 - 1492)^2 + (1527 - 1492)^2 + (1287 - 1492)^2 \\ &\quad + (1432 - 1492)^2 + (1591 - 1492)^2] \\ &= 14762.4\end{aligned}$$

2. 极大似然估计

先看一个问题：一个口袋中有 12 个球，分为黑球和白球，一种 9 个，另一种 3 个. 但是不知黑的多还是白的多. 现从中有放回取 2 个球. 如果都是黑球，问：口袋中黑球多还是白球多？

设上面的问题黑球所占的比例为 p，这从口袋中摸出 2 个球的情况有三种，其概率分布为

摸球情况	两个黑	一黑一白	两个白
概率	p^2	$p(1-p)$	$(1-p)^2$

如果 $p = \frac{9}{12}$，则有

摸球情况	两个黑	一黑一白	两个白
概率	$\frac{9}{16}$	$\frac{3}{16}$	$\frac{1}{16}$

如果 $p = \frac{3}{12}$，则有

摸球情况	两个黑	一黑一白	两个白
概率	$\frac{1}{16}$	$\frac{3}{16}$	$\frac{9}{16}$

在概率论中我们认为：概率越大，则发生的可能性越大；反之，如果某事已经发生，那么该事发生的概率较大. 因此推断 $p=\frac{9}{12}$，即口袋中黑球9个白球3个. 将这种方法推广一般情况中来，就形成了极大似然估计方法.

设 X 的密度函数为 $f(x,\ \theta)$，则样本观察值依赖于

$$L(\theta)=f(x_1,\ \theta)\cdots f(x_n,\ \theta)$$

称 $L(\theta)$ 为似然函数，取 $L(\theta)$ 的最大值点 $\hat{\theta}$ 作为参数 θ 的极大似然估计.

例3　设总体 X 的密度函数为

$$f(x,\ \lambda)=\begin{cases}\lambda e^{-\lambda x} & x>0\\ 0 & x\leqslant 0\end{cases}\qquad(\lambda>0)$$

已知 $(x_1,\ \cdots,\ x_n)$ 是 X 的一个样本值，求参数 λ 的最大似然估计.

解　$L(\lambda)=f(x_1,\lambda)\cdots f(x_n,\lambda)=\prod\limits_{i=1}^{n}\lambda e^{-\lambda x_i}$，$x_i>0$，则有

$$\ln L(\lambda)=n\ln\lambda-\lambda\sum_{i=1}^{n}x_i$$

求导数得

$$\frac{\mathrm{d}\ln L(\lambda)}{\mathrm{d}\lambda}=\frac{n}{\lambda}-\sum_{i=1}^{n}x_i=0$$

解得 $\hat{\lambda}=\dfrac{n}{\sum\limits_{i=1}^{n}x_i}$，即参数 λ 的最大似然估计为.

$$\hat{\lambda}=\frac{n}{\sum\limits_{i=1}^{n}X_i}=\frac{1}{\overline{X}}$$

二、区间估计

显然参数的点估计值并非参数的真实值，恰好等于真实值的概率非常小. 于是可以估计一个取值区间 $(\hat{\theta}_1,\ \hat{\theta}_2)$，使得参数的真实值落在该区间的可能性很大. 这种形式的估计称为区间估计.

设总体的未知参数为 θ，它的一个估计区间为 $(\hat{\theta}_1,\ \hat{\theta}_2)$，且有

$$P(\hat{\theta}_1<\theta<\hat{\theta}_2)=1-\alpha$$

其中 α 为较小的值，通常取0.01或0.05，则称区间 $(\hat{\theta}_1,\ \hat{\theta}_2)$ 为 θ 的以 $1-\alpha$ 为置信水平的

置信区间，简称$1-\alpha$置信区.

（1）如果$X\sim N(\mu,\sigma^2)$，σ^2已知，关于μ的$1-\alpha$置信区间

由于$\dfrac{\overline{X}-\mu}{\dfrac{\sigma}{\sqrt{n}}}\sim N(0,1)$，则

$$P\left(-Z_{\frac{\alpha}{2}}<\frac{\overline{X}-\mu}{\dfrac{\sigma}{\sqrt{n}}}<Z_{\frac{\alpha}{2}}\right)=1-\alpha$$

从而有$P\left(\overline{X}-\dfrac{\sigma}{\sqrt{n}}Z_{\frac{\alpha}{2}}<\mu<\overline{X}+\dfrac{\sigma}{\sqrt{n}}Z_{\frac{\alpha}{2}}\right)=1-\alpha$，那么$\mu$的$1-\alpha$置信区间为

$$\left(\overline{X}-\frac{\sigma}{\sqrt{n}}Z_{\frac{\alpha}{2}},\ \overline{X}+\frac{\sigma}{\sqrt{n}}Z_{\frac{\alpha}{2}}\right)$$

（2）如果$X\sim N(\mu,\sigma^2)$，σ^2未知，关于μ的$1-\alpha$置信区间

由于$\dfrac{\overline{X}-\mu}{\dfrac{S}{\sqrt{n}}}\sim t(n-1)$，则

$$P\left(-t_{\frac{\alpha}{2}}(n-1)<\frac{\overline{X}-\mu}{\dfrac{S}{\sqrt{n}}}<t_{\frac{\alpha}{2}}(n-1)\right)=1-\alpha$$

从而有$P\left(\overline{X}-\dfrac{S}{\sqrt{n}}t_{\frac{\alpha}{2}}(n-1)<\mu<\overline{X}+\dfrac{S}{\sqrt{n}}t_{\frac{\alpha}{2}}(n-1)\right)=1-\alpha$，那么$\mu$的$1-\alpha$置信区间为

$$\left(\overline{X}-\frac{S}{\sqrt{n}}t_{\frac{\alpha}{2}}(n-1),\ \overline{X}+\frac{S}{\sqrt{n}}t_{\frac{\alpha}{2}}(n-1)\right)$$

例4 设$X\sim N(\mu,0.09)$，来自总体的样本容量为4的样本值为

12.6　　13.4　　12.8　　13.2

求μ的0.95的置信区间.

解 $\overline{X}=\dfrac{12.6+13.4+12.8+13.2}{4}=13$，$\alpha=0.05$，经查表得$Z_{\frac{\alpha}{2}}=1.96$，所以

$$\overline{X}-\frac{\sigma}{\sqrt{n}}Z_{\frac{\alpha}{2}}=12.706,\ \overline{X}+\frac{\sigma}{\sqrt{n}}Z_{\frac{\alpha}{2}}=13.294$$

因此μ的0.95的置信区间为(12.706，13.294).

例5 有一大批糖果，从中随机抽取16袋，称得重量(单位：g)如下：

506　508　499　503　504　510　497　512

514　505　493　496　506　502　509　496

设袋装糖果的重量近似服从正态分布，试求总体均值μ的0.95置信区间.

解 $\overline{X}=503.75$，$S=6.2022$，$\alpha=0.05$，$n-1=15$，查表得$t_{\frac{\alpha}{2}}(15)=2.1315$，则

$$\overline{X}-\frac{S}{\sqrt{n}}t_{\frac{\alpha}{2}}(n-1)=500.4,\ \overline{X}+\frac{S}{\sqrt{n}}t_{\frac{\alpha}{2}}(n-1)=507.1$$

因此总体均值μ的0.95置信区间为(500.4，507.1).

第三节　假设检验

假设检验是应用最为广泛的一种统计推断方法，它与参数估计问题有密切的联系，但又有所区别. 本节将讨论假设检验的基本原理，限于篇幅本节只讨论单个正态总体的期望和方差的检验.

一、检验的基本原理

引例　一个工厂规定它生产的产品的次品率不超过4%才能出厂. 现在从该厂的一批产品中抽出10件样品，经检测有4件产品为次品，问：该批产品是否能够出厂？

首先假设该厂产品的次品率$p=4\%$，那么10件样品中有4件产品为次品的概率为

$$\mathrm{C}_{10}^{4}p^{4}(1-p)^{6}=\frac{10!}{4!\,6!}\times 0.04^{4}\times(1-0.04)^{6}\approx 0.00042$$

可见该事件发生的概率是非常小的. 在概率论中，我们认为："小概率事件，在一次抽样中一般是不会发生的." 而现在该小概率事件已经发生，所以我们推断假设："次品率$p=4\%$"是不成立的，而如果$p<4\%$的话，上述事件的概率会更小，于是推断出该批产品的次品率$p>4\%$，所以不能出厂.

一般所谓假设检验问题是指，在总体分布未知，或者只知道形式不知道其参数的时候，对总体的某些特性进行的判断. 在概率论中，"小概率事件一般在实际情况中不发生"的理论称为小概率原理，像上面的这种假设检验问题就是基于小概率原理而解决的.

假设检验问题的解决一般有以下步骤：

第一步　对所研究的总体作某个假设.

第二步　通过抽样的样本值来检验是否接受假设. 通常而言，是否接受假设的标准是看在假设条件下，发生抽样结果是否为小概率事件，若是则拒绝假设，否则接受假设.

在假设检验中所做的判断，有可能发生错误，该错误可分为两类：第一类错误是把真的说成假的；第二类错误是把假的说成真的. 为将少发生错误的可能，通常将"小概率事件"的概率α定义的比较小，如$\alpha=0.1$，0.05，0.01等，此时α称为检验的显著性水平或者置信度. 一般α越小，发生第一类错误的可能性越小，但是此时发生第二类错误的可能性却会变大，所以为减少两类错误发生的可能性，通常将样本容量取得比较大.

二、单个正态总体均值的检验

1. 方差已知的情形

设总体$X\sim N(\mu,\sigma^{2})$，其中σ^{2}已知，检验$\mu=\mu_0$是否成立. 该问题的一般解法如下：

第一步　假设$\mu=\mu_0$，通常可记为$H_0:\mu=\mu_0$，$H_1:\mu\neq\mu_0$.

第二步　选取一个合适的统计量，这里选取

$$Z=\frac{\overline{X}-\mu_0}{\sigma/\sqrt{n}}$$

在假设条件$\mu=\mu_0$下，有$Z=\dfrac{\overline{X}-\mu_0}{\sigma/\sqrt{n}}\sim N(0,\ 1)$.

第三步　在显著性水平α下，令$Z_{\frac{\alpha}{2}}$适合

$$P\left(\left|\frac{\overline{X}-\mu_0}{\sigma/\sqrt{n}}\right|<Z_{\frac{\alpha}{2}}\right)=1-\alpha$$

通过正态分布分位表可以查出$Z_{\frac{\alpha}{2}}$的值，于是得到该检验问题的接受域$[-Z_{\frac{\alpha}{2}},\ Z_{\frac{\alpha}{2}}]$.

第四步　计算统计量Z的实际观察值$\dfrac{\overline{x}-\mu_0}{\sigma/\sqrt{n}}$，判断该值是否在接受域$[-Z_{\frac{\alpha}{2}},\ Z_{\frac{\alpha}{2}}]$内，若是则接受假设，否则拒绝假设.

例 6　根据长期经验和资料表明，某厂生产的砖的抗断强度X服从正态分布，已知其方差为$\sigma^2=1.21$. 现在从该厂随机抽取6块砖，测得它们的抗断强度（单位：kg · cm^{-2}）如下：

32.56　29.66　31.64　30.00　31.87　31.03

问：在显著性水平$\alpha=0.05$下，能否断定抗断强度是32.50 kg · cm^{-2}?

解　假设H_0：$\mu=32.5$，H_1：$\mu\neq 32.5$. 则统计量$Z=\dfrac{\overline{X}-\mu_0}{\sigma/\sqrt{n}}\sim N(0,\ 1)$. 对$\alpha=0.05$，$n=6$，有$Z_{\frac{\alpha}{2}}=1.96$，统计量$Z$的实际观察值为

$$\frac{\overline{x}-\mu_0}{\sigma/\sqrt{n}}=\frac{31.13-32.50}{1.1/\sqrt{6}}\approx 3.05$$

则Z的实际观察值落在接受域$[-1.96,\ 1.96]$之外，所以拒绝假设，即不能认为抗断强度是32.50 kg · cm^{-2}.

2. 方差未知的情形

设总体$X\sim N(\mu,\ \sigma^2)$，其中σ^2未知，检验$\mu=\mu_0$是否成立. 该问题的一般解法如下：

第一步　假设$\mu=\mu_0$，通常可记为H_0：$\mu=\mu_0$，H_1：$\mu\neq\mu_0$.

第二步　选取一个合适的统计量，这里选取

$$t=\frac{\overline{X}-\mu_0}{S/\sqrt{n}}$$

在假设条件$\mu=\mu_0$下，有$t=\dfrac{\overline{X}-\mu_0}{S/\sqrt{n}}\sim t(n-1)$.

第三步　在显著性水平α下，令$t_{\frac{\alpha}{2}}$适合

$$P\left(\left|\frac{\overline{X}-\mu_0}{S/\sqrt{n}}\right|<t_{\frac{\alpha}{2}}\right)=1-\alpha$$

通过t分布分位表可以查出$t_{\frac{\alpha}{2}}$的值，于是得到该检验问题的接受域$[-t_{\frac{\alpha}{2}},\ t_{\frac{\alpha}{2}}]$.

第四步 计算统计量 t 的实际观察值$\dfrac{\bar{x}-\mu_0}{s/\sqrt{n}}$，判断该值是否在接受域$[-t_{\frac{\alpha}{2}}, t_{\frac{\alpha}{2}}]$内，若是则接受假设，否则拒绝假设.

例 7 某厂生产的零件长度服从正态分布，从该厂抽出 5 件产品，测得其长度值（单位：m）如下：

$$119.6 \quad 119.0 \quad 119.2 \quad 120.0 \quad 119.7$$

问：在显著性水平 $\alpha=0.05$ 下，可否认为该厂的零件长度符合标准规格 120m?

解 假设 $H_0:\mu=120$，$H_1:\mu\neq120$. 则统计量 $t=\dfrac{\bar{X}-\mu_0}{\sigma/\sqrt{n}}\sim t(n-1)$. 对 $\alpha=0.05$，$n=5$，有 $t_{\frac{\alpha}{2}}=2.776$，统计量 t 的实际观察值为

$$\frac{\bar{x}-\mu_0}{s/\sqrt{n}}=\frac{119.5-120}{0.4/\sqrt{5}}\approx-2.795$$

则 t 的实际观察值落在接受域$[-2.776, 2.776]$之外，所以拒绝假设，即不能认为该厂的零件长度符合标准规格 120m.

三、单个正态总体方差的检验

设总体 $X\sim N(\mu, \sigma^2)$，其中 μ 未知，检验 $\sigma^2=\sigma_0^2$ 是否成立. 该问题的一般解法如下：

第一步 假设 $\sigma^2=\sigma_0^2$，通常可记为 $H_0:\sigma^2=\sigma_0^2$，$H_1:\sigma^2\neq\sigma_0^2$.

第二步 选取一个合适的统计量，这里选取

$$\frac{(n-1)S^2}{\sigma_0^2}$$

在假设条件 $\sigma^2=\sigma_0^2$ 下，有$\dfrac{(n-1)S^2}{\sigma_0^2}\sim\chi^2(n-1)$.

第三步 在显著性水平 α 下，令 λ_1，λ_2 适合

$$P\left(\frac{(n-1)S^2}{\sigma_0^2}<\lambda_1\right)=\frac{\alpha}{2} \text{ 或者 } P\left(\frac{(n-1)S^2}{\sigma_0^2}>\lambda_2\right)=\frac{\alpha}{2}$$

通过$\chi^2(n-1)$分布分位表可以查出 λ_1，λ_2 的值，于是得到该检验问题的接受域$[\lambda_1, \lambda_2]$.

第四步 计算统计量的实际观察值$\dfrac{(n-1)s^2}{\sigma_0^2}$，判断该值是否在接受域$[\lambda_1, \lambda_2]$内，若是则接受假设，否则拒绝假设.

例 8 设某零件的重量 $X\sim N(\mu, \sigma^2)$，其中 μ，σ^2 均未知，在技术改革后，随机抽查 6 个样品，测得重量(单位：克)如下：

$$14.7 \quad 15.1 \quad 14.8 \quad 15.0 \quad 15.2 \quad 14.6$$

问：该厂在技术改革后，零件的方差是否是 0.05?（$\alpha=0.05$）

解 假设H_0：$\sigma^2=0.05$，选取统计量$\frac{(n-1)S^2}{\sigma_0^2}\sim\chi^2(5)$. 由$\alpha=0.05$，及$\chi^2(n-1)$分布分位表得$\lambda_1=0.831$，$\lambda_2=12.833$，于是为接受域$[0.831, 12.833]$. 统计量$\frac{(n-1)S^2}{\sigma_0^2}$的实际观察值为$\frac{(n-1)s^2}{\sigma_0^2}=5.6\in[0.831, 12.833]$，因此接受假设，即认为零件的方差是0.05.

第四节　一元线性回归分析

很多实际问题中需要讨论随机变量之间的关系，如身高X和体重Y之间的关系，收入X和储存Y之间的关系等. 随机变量之间非确定性的依赖关系为统计相关关系，回归分析就是处理相关关系的一种统计方法. 回归分析应用广泛，但限于篇幅本节只讨论两个随机变量之间的统计相关关系，即一元线性回归分析问题.

一、一元线性回归

为了研究随机变量X和Y之间的关系，需要进行试验观察，得到它们的观察值，记为

$$(x_1, y_1), (x_2, y_2), \cdots, (x_n, y_n)$$

在Oxy平面上描出观察值(x_i, y_i)对应的点，所有这种点作成的图称为散点图. 如果这些点大致在一条直线$y=a+bx$的附近，那么由观察值估计直线方程的问题就称为一元线性回归问题.

例9 经分析，某城镇年人均收入对年人均鲜蛋需求量是有一定影响的，当然鲜蛋需求还会与其他的因素比如价格、消费习惯等一些随机因素有关系. 现收集到2002年到2012年的相关数据如下：

年份	年人均可支配收入X(单位：元)	年人均鲜蛋需求量Y(单位：kg)
2002	847.26	14.4
2003	820.99	14.4
2004	884.21	14.4
2005	903.66	14.7
2006	984.09	17.0
2007	1035.26	16.3
2008	1200.90	18.0
2009	1289.77	18.5
2010	1432.93	18.2
2011	1538.97	19.3
2012	1663.63	17.1

以年人均可支配收入为横坐标，年人均鲜蛋需求量为纵坐标，作散点图如图 6-4 所示. 可以观察到，散点图确实在一条直线附近.

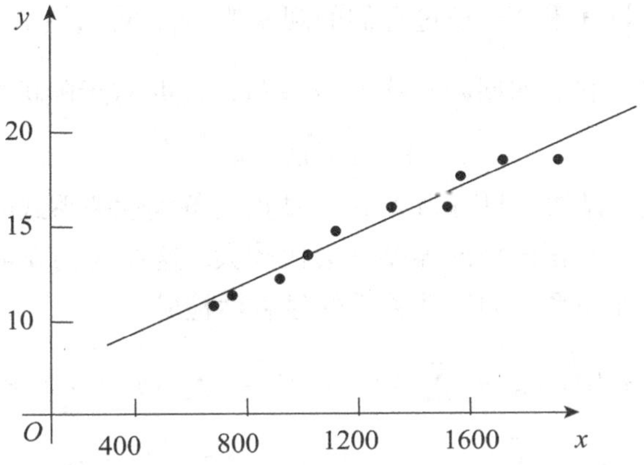

图 6-4

下面讨论如何根据一组观察值(x_i, y_i)估计出直线 $y=a+bx$ 的方程. 作二元函数

$$Q(a,b)=\sum_{i=1}^{n}[y_i-(a+bx_i)]^2$$

令$\dfrac{\partial Q}{\partial a}=0$, $\dfrac{\partial Q}{\partial b}=0$,得

$$\hat{b}=\frac{\sum_{i=1}^{n}(x_i-\bar{x})(y_i-\bar{y})}{\sum_{i=1}^{n}(x_i-\bar{x})^2}$$

如果记

$$L_{xy}=\sum_{i=1}^{n}(x_i-\bar{x})(y_i-\bar{y}),\ L_{xx}=\sum_{i=1}^{n}(x_i-\bar{x})^2,\ L_{yy}=\sum_{i=1}^{n}(y_i-\bar{y})^2$$

则有 $\hat{b}=\dfrac{L_{xy}}{L_{xx}}$，从而 $\hat{a}=\bar{y}-\hat{b}\bar{x}$.

上面的计算方法称为最小二乘法，$\hat{a}$, $\hat{b}$ 称为 a, b 最小二乘估计，直线 $y=\hat{a}+\hat{b}x$ 称为回归直线.

例 10 求例 1 中的回归直线.

解 $\bar{y}=16.57$, $\bar{x}=1145.61$, $\sum_{i=1}^{n}y_i=182.3$, $\sum_{i=1}^{n}x_i=12601.67$, 且 $\sum_{i=1}^{n}x_i^2=15325548.8$, $\sum_{i=1}^{n}x_iy_i=213349.96$,

从而 $\hat{b}=\dfrac{L_{xy}}{L_{xx}}=0.005$, $\hat{a}=\bar{y}-\hat{b}\bar{x}=10.84$, 所以回归直线为

$$y=10.84+0.005x$$

二、线性关系的显著性检验

对任何两个随机变量 X 和 Y，通过它们的观察值(x_1, y_1)，(x_2, y_2)，…，(x_n, y_n)，利用最小二乘法总可以求它们的回归直线 $y=\hat{a}+\hat{b}x$，此时对于随机变量的取值来讲有

$$Y=\hat{a}+\hat{b}X+\varepsilon$$

其中 ε 是某个随机变量. 显然，只有当 X 和 Y 真正具备线性关系式时，回归直线才有实际的意义，否则回归直线与真正的情况偏差就会比较大. 这样我们就需要检验两个随机变量 X 和 Y 之间是否具备线性关系，即线性关系的显著性检验.

在最小二乘法的计算中，$L_{yy}=\sum_{i=1}^{n}(y_i-\bar{y})^2=\sum_{i=1}^{n}(y_i-\hat{y}_i)^2+\sum_{i=1}^{n}(\hat{y}_i-\bar{y})^2$，令

$$Q=\sum_{i=1}^{n}(Y_i-\hat{y}_i)^2,\ U=\sum_{i=1}^{n}(\hat{y}_i-\bar{Y})^2$$

称 Q 为剩余偏差平方和，U 为回归偏差平方和. 于是线性关系的显著性检验一般步骤如下：

第一步 假设 Y 和 X 之间不存在线性关系，即假设 $b=0$.

第二步 选取统计量$\frac{U}{Q/(n-2)}$，此时可以证明$\frac{U}{Q/(n-2)}\sim F(1, n-2)$.

第三步 在显著性水平 α 下，令 F_α 适合

$$P\left(\frac{U}{Q/(n-2)}>F_\alpha\right)=\alpha$$

通过 F 分布分位表可以查出 F_α 的值.

第四步 计算统计量的实际观察值$\frac{U}{Q/(n-2)}$，判断$\frac{U}{Q/(n-2)}>F_\alpha$ 是否成立，若是则拒绝假设，否则接受假设，即当$\frac{U}{Q/(n-2)}>F_\alpha$ 时，认为 Y 和 X 之间存在线性关系.

例 11 对例 1 中年人均可支配收入与年人均鲜蛋需求量作线性关系的显著性检验.

解 假设 $b=0$，则$\frac{U}{Q/(n-2)}\sim F(1, n-2)$，此时$\frac{U}{Q/(n-2)}$的观察值 17.84，而在显著性水平 $\alpha=0.05$ 下，$F_\alpha=5.12$，则$\frac{U}{Q/(n-2)}>F_\alpha$，所以年人均可支配收入与年人均鲜蛋需求量有线性关系.

习题六

1. 设 $X_1, X_2, \cdots, X_6$ 是来自$(0, \theta)$上均匀分布的样本，$\theta>0$ 未知.

（1）写出样本的联合密度函数；

（2）指出下列样本函数中哪些是统计量，哪些不是？为什么？

$$T_1=\frac{X_1+X_2+\cdots+X_6}{6},\ T_2=X_6-\theta,\ T_3=X_6-E(X_1),\ T_4=\max(X_1,\ X_2,\ \cdots,\ X_6)$$

（3）设样本得意组观察值是：0.5，1，0.7，0.6，1，1，写出样本均值、样本方差和标准差.

2. 设 X_1，X_2，…，X_n 是取自总体 X 的一个样本，在下列情形下，试求总体参数的矩估计与最大似然估计：

（1）$X \sim B(1,\ p)$，其中 p 未知，$0<p<1$；

（2）$X \sim E(\lambda)$，其中 λ 未知，$\lambda>0$.

3. 设 X_1，X_2，…，X_n 是取自总体 X 的一个样本，其中 X 服从参数为 λ 的泊松分布，其中 λ 未知，$\lambda>0$.

（1）求 λ 的矩估计与最大似然估计.

（2）如得到一组样本观测值：

X	0	1	2	3	4
频数	17	20	10	2	1

求 λ 的矩估计与最大似然估计.

4. 设 X_1，X_2，…，X_n 是取自总体 X 的一个样本，其中 X 服从区间 $(0,\ \theta)$ 的均匀分布，其中 $\theta>0$ 未知. 求 θ 的矩估计.

5. 设总体 X 的密度函数为 $f(x)=\begin{cases}\dfrac{2}{\alpha^2}(\alpha-x) & 0<x<\alpha\\ 0 & 其他\end{cases}$，其中 α 为未知参数，求 α 的矩估计量.

6. 设总体 X 的密度函数为 $f(x)=\begin{cases}\dfrac{1}{\beta} & 0<x<\beta\\ 0 & 其他\end{cases}$，其中 β 为未知参数而

1.3　0.6　1.7　2.2　0.3　1.1

是来自总体 X 的样本观测值，用矩估计的方法估计总体均值 μ 和总体方差 σ^2，以及参数 β.

7. 设总体 X 的密度函数为 $f(x)=\begin{cases}(\theta+1)x^\theta & 0<x<1\\ 0 & 其他\end{cases}$，其中 θ 为未知参数且 $\theta>0$，求 θ 的矩估计和最大似然估计.

8. 已知某路口车辆经过的时间间隔服从指数分布 $E(\lambda)$，其中 $\lambda>0$ 未知，现在观测到 6 个时间间隔数据（单位：s）：

1.8　3.2　4　8　4.5　2.5

试求该路口车辆经过的平均时间间隔的矩估计与最大似然估计.

9. 设总体 X 的密度函数为 $f(x;\sigma)=\frac{1}{2\sigma}e^{-\frac{|x|}{\sigma}}$ $(-\infty<x<+\infty)$，其中 $\sigma>0$ 未知，设 X_1，X_2，…，X_n 是取自这个总体的一个样本，试求 σ 的最大似然估计.

10. 某车间生产滚珠，从长期实践中知道，滚珠直径 X 服从正态分布 $N(\mu, 0.2^2)$，从某天生产的产品中随机抽取 6 个，量的直径(单位：mm)如下：

$$14.7\quad 15.0\quad 14.9\quad 14.8\quad 15.2\quad 15.1$$

试求 μ 的置信度为 0.90 的置信区间.

11. 假定某商店中一种商品的月销售量服从正态分布 $N(\mu, \sigma^2)$，σ 未知. 为了合理的确定该商品的进货量，需对 μ 和 σ 做估计，为此随机抽取 7 个月，其销售量如下：

$$64\quad 57\quad 49\quad 81\quad 76\quad 70\quad 59$$

试求 μ 的置信度为 0.90 的置信区间，和方差 σ^2 的置信度为 0.90 的置信区间.

12. 已知某种弹壳直径 X，标准直径为 $\mu_0=8$，$\sigma=0.09$. 现在从一批弹壳中任取 9 枚，测得直径(单位：mm)如下：

$$7.92\quad 7.94\quad 7.90\quad 7.93\quad 7.92\quad 7.93\quad 7.92\quad 7.91\quad 7.94$$

根据历史资料研究表明，子弹直径 $X\sim N(\mu, 0.09^2)$，试问该批弹壳的直径是否符合标准?

13. 一项包括了 200 个家庭的调查显示，每个家庭每天看电视的平均时间为 7.25 小时，标准差为 2.5 小时. 据报道，10 年前每天每个家庭看电视的平均时间是 6.70 小时. 取显著性水平 $\alpha=0.01$，这个调查能否证明“如今每个家庭每天收看电视的平均时间增加了”?

14. 安装在一种联合收割机的金属板的平均重量为 25 公斤. 对某企业生产的 20 块金属板进行测量，得到的重量数据如下：

22.6	26.6	23.1	23.5
27.0	25.3	28.6	24.5
26.2	30.4	27.4	24.9
25.8	23.2	26.9	26.1
22.2	28.1	24.2	23.6

假设金属板的重量服从正态分布，在显著性水平下，检验该企业生产的金属板是否符合要求?

15. 某企业为比较两种方法对员工进行培训的效果，采用方法 1 对 15 名员工进行培训，采用方法 2 对 12 名员工进行培训. 培训后的测试分数如下：

方法 1			方法 2		
56	51	45	59	57	53
47	52	43	52	56	65
42	53	52	53	55	53
50	42	48	54	64	57
47	44	44			

两种方法培训得分的总体方差未知且不相等. 在 $\alpha=0.05$ 显著性水平下，检验两种方法的培训效果是否有显著差异？

16. 在钢线碳含量对于电阻的效应的研究中，得到以下数据：

碳含量 X(%)	0.10	0.30	0.40	0.55	0.70	0.80	0.95
200℃时电阻 $Y(\mu\Omega)$	15	18	19	21	22.6	23.8	26

（1）求线性回归方程 $y=\hat{a}+\hat{b}x$；

（2）对线性回归方程作显著性检验.

17. 下面给出 1952～2004 年各届奥林匹克运动会男子 10000 米赛跑的冠军的成绩：

年份 X（年）	1952	1956	1960	1964	1968	1972	1976
成绩 Y（min）	29.3	28.8	28.5	28.4	29.4	27.6	27.7
年份 X（年）	1980	1984	1988	1992	1996	2000	2004
成绩 Y（min）	27.7	27.8	27.4	27.8	27.1	27.3	27.1

（1）求线性回归方程 $y=\hat{a}+\hat{b}x$；

（2）对线性回归方程作显著性检验.

附　录

附表 1　泊松分布表

$$P(X=m)=\frac{\lambda^m}{m!}e^{-\lambda}$$

m	$\lambda=0.1$	0.2	0.3	0.4	0.5	0.6	0.7	0.8
0	0.904837	0.818731	0.740818	0.670320	0.606531	0.548812	0.496585	0.449329
1	0.090484	0.163746	0.222245	0.268128	0.303265	0.329287	0.347610	0.359463
2	0.004524	0.016375	0.033337	0.053626	0.075816	0.098786	0.121663	0.143785
3	0.000151	0.001092	0.003334	0.007150	0.012636	0.019757	0.028388	0.038343
4	0.000004	0.000055	0.000250	0.000715	0.001580	0.002964	0.004968	0.007669
5		0.000002	0.000015	0.000057	0.000158	0.000356	0.000696	0.001227
6			0.000001	0.000004	0.000013	0.000036	0.000081	0.000164
7					0.000001	0.000003	0.000008	0.000019
8							0.000001	0.000002

m	$\lambda=4.5$	5.0	5.5	6.0	6.5	7.0	7.5	8.0
0	0.011109	0.006738	0.004087	0.002479	0.001503	0.000912	0.000553	0.000335
1	0.049990	0.033690	0.022477	0.014873	0.009772	0.006383	0.004148	0.002684
2	0.112479	0.084224	0.061812	0.044618	0.031760	0.022341	0.015555	0.010735
3	0.168718	0.140374	0.113323	0.089235	0.068814	0.052129	0.038889	0.028626
4	0.189808	0.175467	0.155819	0.133853	0.111822	0.091226	0.072916	0.057252
5	0.170827	0.175467	0.171401	0.160623	0.145369	0.127717	0.109375	0.091604
6	0.128120	0.146223	0.157117	0.160623	0.157483	0.149003	0.136718	0.122138
7	0.082363	0.104445	0.123449	0.137677	0.146234	0.149003	0.146484	0.139587
8	0.046329	0.065278	0.084871	0.103258	0.118815	0.130377	0.137329	0.139587
9	0.023165	0.036266	0.051866	0.068838	0.085811	0.101405	0.114440	0.124077
10	0.010424	0.018133	0.028526	0.041303	0.055777	0.070983	0.085830	0.099262
11	0.004264	0.008242	0.014263	0.022529	0.032959	0.045171	0.058521	0.072190
12	0.001599	0.003434	0.006537	0.011264	0.017853	0.026350	0.036575	0.048127
13	0.000554	0.001321	0.002766	0.005199	0.008926	0.014188	0.021101	0.029616
14	0.000178	0.000472	0.001087	0.002228	0.004144	0.007094	0.011304	0.016924
15	0.000053	0.000157	0.000398	0.000891	0.001796	0.003311	0.005652	0.009026
16	0.000015	0.000049	0.000137	0.000334	0.000730	0.001448	0.002649	0.004513
17	0.000004	0.000014	0.000044	0.000118	0.000279	0.000596	0.001169	0.002124
18	0.000001	0.000004	0.000014	0.000039	0.000101	0.000232	0.000487	0.000944

（续）

m	$\lambda=4.5$	5.0	5.5	6.0	6.5	7.0	7.5	8.0
19		0.000001	0.000004	0.000012	0.000034	0.000085	0.000192	0.000397
20			0.000001	0.000004	0.000011	0.000030	0.000072	0.000159
21				0.000001	0.000003	0.000010	0.000026	0.000061
22					0.000001	0.000003	0.000009	0.000022
23						0.000001	0.000003	0.000008
24							0.000001	0.000003
25								0.000001

附表 2　标准正态分布表

$$\Phi(x)=\int_{-\infty}^{x}\frac{1}{\sqrt{2\pi}}\mathrm{e}^{-\frac{t^2}{2}}\mathrm{d}t$$

x	0	0.01	0.02	0.03	0.04	0.05	0.06	0.07	0.08	0.09
0	0.5000	0.5040	0.5080	0.5120	0.5160	0.5199	0.5239	0.5279	0.5319	0.5359
0.1	0.5398	0.5438	0.5478	0.5517	0.5557	0.5596	0.5636	0.5675	0.5714	0.5753
0.2	0.5793	0.5832	0.5871	0.5910	0.5948	0.5987	0.6026	0.6064	0.6103	0.6141
0.3	0.6179	0.6217	0.6255	0.6293	0.6331	0.6368	0.6404	0.6443	0.6480	0.6517
0.4	0.6554	0.6591	0.6628	0.6664	0.6700	0.6736	0.6772	0.6808	0.6844	0.6879
0.5	0.6915	0.6950	0.6985	0.7019	0.7054	0.7088	0.7123	0.7157	0.7190	0.7224
0.6	0.7257	0.7291	0.7324	0.7357	0.7389	0.7422	0.7454	0.7486	0.7517	0.7549
0.7	0.7580	0.7611	0.7642	0.7673	0.7703	0.7734	0.7764	0.7794	0.7823	0.7852
0.8	0.7881	0.7910	0.7939	0.7967	0.7995	0.8023	0.8051	0.8078	0.8106	0.8133
0.9	0.8159	0.8186	0.8212	0.8238	0.8264	0.8289	0.8355	0.8340	0.8365	0.8389
1	0.8413	0.8438	0.8461	0.8485	0.8508	0.8531	0.8554	0.8577	0.8599	0.8621
1.1	0.8643	0.8665	0.8686	0.8708	0.8729	0.8749	0.8770	0.8790	0.8810	0.8830
1.2	0.8849	0.8869	0.8888	0.8907	0.8925	0.8944	0.8962	0.8980	0.8997	0.9015
1.3	0.9032	0.9049	0.9066	0.9082	0.9099	0.9115	0.9131	0.9147	0.9162	0.9177
1.4	0.9192	0.9207	0.9222	0.9236	0.9251	0.9265	0.9279	0.9292	0.9306	0.9319
1.5	0.9332	0.9345	0.9357	0.9370	0.9382	0.9394	0.9406	0.9418	0.9430	0.9441
1.6	0.9452	0.9463	0.9474	0.9484	0.9495	0.9505	0.9515	0.9525	0.9535	0.9535
1.7	0.9554	0.9564	0.9573	0.9582	0.9591	0.9599	0.9608	0.9616	0.9625	0.9633
1.8	0.9641	0.9648	0.9656	0.9664	0.9672	0.9678	0.9686	0.9693	0.9700	0.9706

（续）

x	0	0.01	0.02	0.03	0.04	0.05	0.06	0.07	0.08	0.09
1.9	0.9713	0.9719	0.9726	0.9732	0.9738	0.9744	0.9750	0.9756	0.9762	0.9767
2	0.9772	0.9778	0.9783	0.9788	0.9793	0.9798	0.9803	0.9808	0.9812	0.9817
2.1	0.9821	0.9826	0.9830	0.9834	0.9838	0.9842	0.9846	0.9850	0.9854	0.9857
2.2	0.9861	0.9864	0.9868	0.9871	0.9874	0.9878	0.9881	0.9884	0.9887	0.9890
2.3	0.9893	0.9896	0.9898	0.9901	0.9904	0.9906	0.9909	0.9911	0.9913	0.9916
2.4	0.9918	0.9920	0.9922	0.9925	0.9927	0.9929	0.9931	0.9932	0.9934	0.9936
2.5	0.9938	0.9940	0.9941	0.9943	0.9945	0.9946	0.9948	0.9949	0.9951	0.9952
2.6	0.9953	0.9955	0.9956	0.9957	0.9959	0.9960	0.9961	0.9962	0.9963	0.9964
2.7	0.9965	0.9966	0.9967	0.9968	0.9969	0.9970	0.9971	0.9972	0.9973	0.9974
2.8	0.9974	0.9975	0.9976	0.9977	0.9977	0.9978	0.9979	0.9979	0.9980	0.9981
2.9	0.9981	0.9982	0.9982	0.9983	0.9984	0.9984	0.9985	0.9985	0.9986	0.9986
3	0.9987	0.9990	0.9993	0.9995	0.9997	0.9998	0.9998	0.9999	0.9999	1.0000

附表 3　t 分布表

$$P\{t > t_{\alpha}(n)\} = \alpha$$

n	$\alpha=0.25$	0.1	0.05	0.025	0.01	0.005	0.0025	0.001
1	1	3.078	6.314	12.706	31.821	63.657	127.321	318.309
2	0.816	1.886	2.92	4.303	6.965	9.925	14.089	22.327
3	0.765	1.638	2.353	3.182	4.541	5.841	7.453	10.215
4	0.741	1.533	2.132	2.776	3.747	4.604	5.598	7.173
5	0.727	1.476	2.015	2.571	3.365	4.032	4.773	5.893
6	0.718	1.44	1.943	2.447	3.143	3.707	4.317	5.208
7	0.711	1.415	1.895	2.365	2.998	3.499	4.029	4.785
8	0.706	1.397	1.86	2.306	2.896	3.355	3.833	4.501
9	0.703	1.383	1.833	2.262	2.821	3.25	3.69	4.297
10	0.7	1.372	1.812	2.228	2.764	3.169	3.581	4.144
11	0.697	1.363	1.796	2.201	2.718	3.106	3.497	4.025
12	0.695	1.356	1.782	2.179	2.681	3.055	3.428	3.93
13	0.694	1.35	1.771	2.16	2.65	3.012	3.372	3.852
14	0.692	1.345	1.761	2.145	2.624	2.977	3.326	3.787
15	0.691	1.341	1.753	2.131	2.602	2.947	3.286	3.733

（续）

n	α =0. 25	0. 1	0. 05	0. 025	0. 01	0. 005	0. 0025	0. 001
16	0. 69	1. 337	1. 746	2. 12	2. 583	2. 921	3. 252	3. 686
17	0. 689	1. 333	1. 74	2. 11	2. 567	2. 898	3. 222	3. 646
18	0. 688	1. 33	1. 734	2. 101	2. 552	2. 878	3. 197	3. 61
19	0. 688	1. 328	1. 729	2. 093	2. 539	2. 861	3. 174	3. 579
20	0. 687	1. 325	1. 725	2. 086	2. 528	2. 845	3. 153	3. 552
21	0. 686	1. 323	1. 721	2. 08	2. 518	2. 831	3. 135	3. 527
22	0. 686	1. 321	1. 717	2. 074	2. 508	2. 819	3. 119	3. 505
23	0. 685	1. 319	1. 714	2. 069	2. 5	2. 807	3. 104	3. 485
24	0. 685	1. 318	1. 711	2. 064	2. 492	2. 797	3. 091	3. 467
25	0. 684	1. 316	1. 708	2. 06	2. 485	2. 787	3. 078	3. 45
26	0. 684	1. 315	1. 706	2. 056	2. 479	2. 779	3. 067	3. 435
27	0. 684	1. 314	1. 703	2. 052	2. 473	2. 771	3. 057	3. 421
28	0. 683	1. 313	1. 701	2. 048	2. 467	2. 763	3. 047	3. 408
29	0. 683	1. 311	1. 699	2. 045	2. 462	2. 756	3. 038	3. 396
30	0. 683	1. 31	1. 697	2. 042	2. 457	2. 75	3. 03	3. 385
31	0. 682	1. 309	1. 696	2. 04	2. 453	2. 744	3. 022	3. 375
32	0. 682	1. 309	1. 694	2. 037	2. 449	2. 738	3. 015	3. 365
33	0. 682	1. 308	1. 692	2. 035	2. 445	2. 733	3. 008	3. 356
34	0. 682	1. 307	1. 091	2. 032	2. 441	2. 728	3. 002	3. 348
35	0. 682	1. 306	1. 69	2. 03	2. 438	2. 724	2. 996	3. 34
36	0. 681	1. 306	1. 688	2. 028	2. 434	2. 719	2. 99	3. 333
37	0. 681	1. 305	1. 687	2. 026	2. 431	2. 715	2. 985	3. 326
38	0. 681	1. 304	1. 686	2. 024	2. 429	2. 712	2. 98	3. 319
39	0. 681	1. 304	1. 685	2. 023	2. 426	2. 708	2. 976	3. 313
40	0. 681	1. 303	1. 684	2. 021	2. 423	2. 704	2. 971	3. 307

附表4　F 分布表

$$P\{F(n_1,n_2)>F_\alpha(n_1,n_2)\}=\alpha$$

$\alpha=0.10$

n_2 \ n_1	1	2	3	4	5	6	7	8	9	10	12	15	20	24	30	40	60	120	∞
1	39.86	49.50	53.59	55.83	57.24	58.20	58.91	59.44	59.86	60.19	60.71	61.22	61.74	62.00	62.26	62.53	62.79	63.06	63.33
2	8.53	9.00	9.16	9.24	9.29	9.33	9.35	9.37	9.38	9.39	9.41	9.42	9.44	9.45	9.46	9.47	9.47	9.48	9.49
3	5.54	5.46	5.39	5.34	5.31	5.28	5.27	5.25	5.24	5.23	5.22	5.20	5.18	5.18	5.17	5.16	5.15	5.14	5.13
4	4.54	4.32	4.19	4.11	4.05	4.01	3.98	3.95	3.94	3.92	3.90	3.87	3.84	3.83	3.82	3.80	3.79	3.78	3.76
5	4.06	3.78	3.62	3.52	3.45	3.40	3.37	3.34	3.32	3.30	3.27	3.24	3.21	3.19	3.17	3.16	3.14	3.12	3.10
6	3.78	3.46	3.29	3.18	3.11	3.05	3.01	2.98	2.96	2.94	2.90	2.87	2.84	2.82	2.80	2.78	2.76	2.74	2.72
7	3.59	3.26	3.07	2.96	2.88	2.83	2.78	2.75	2.72	2.70	2.67	2.63	2.59	2.58	2.56	2.54	2.51	2.49	2.47
8	3.46	3.11	2.92	2.81	2.73	2.67	2.62	2.59	2.56	2.54	2.50	2.46	2.42	2.40	2.38	2.36	2.34	2.32	2.29
9	3.36	3.01	2.81	2.69	2.61	2.55	2.51	2.47	2.44	2.42	2.38	2.34	2.30	2.28	2.25	2.23	2.21	2.18	2.16
10	3.29	2.92	2.73	2.61	2.52	2.46	2.41	2.38	2.35	2.32	2.28	2.24	2.20	2.18	2.16	2.13	2.11	2.08	2.06
11	3.23	2.86	2.66	2.54	2.45	2.39	2.34	2.30	2.27	2.25	2.21	2.17	2.12	2.10	2.08	2.05	2.03	2.00	1.97
12	3.18	2.81	2.61	2.48	2.39	2.33	2.28	2.24	2.21	2.19	2.15	2.10	2.06	2.04	2.01	1.99	1.96	1.93	1.90
13	3.14	2.76	2.56	2.43	2.35	2.28	2.23	2.20	2.16	2.14	2.10	2.05	2.01	1.98	1.96	1.93	1.90	1.88	1.85
14	3.10	2.73	2.52	2.39	2.31	2.24	2.19	2.15	2.12	2.10	2.05	2.01	1.96	1.94	1.91	1.89	1.86	1.83	1.80
15	3.07	2.70	2.49	2.36	2.27	2.21	2.16	2.12	2.09	2.06	2.02	1.97	1.92	1.90	1.87	1.85	1.82	1.79	1.76

（续）

n_2 \ n_1	1	2	3	4	5	6	7	8	9	10	12	15	20	24	30	40	60	120	∞
16	3.05	2.67	2.46	2.33	2.24	2.18	2.13	2.09	2.06	2.03	1.99	1.94	1.89	1.87	1.84	1.81	1.78	1.75	1.72
17	3.03	2.64	2.44	2.31	2.22	2.15	2.10	2.06	2.03	2.00	1.96	1.91	1.86	1.84	1.81	1.78	1.75	1.72	1.69
18	3.01	2.62	2.42	2.29	2.20	2.13	2.08	2.04	2.00	1.98	1.93	1.89	1.84	1.81	1.78	1.75	1.72	1.69	1.66
19	2.99	2.61	2.40	2.27	2.18	2.11	2.06	2.02	1.98	1.96	1.91	1.86	1.81	1.79	1.76	1.73	1.70	1.67	1.63
20	2.97	2.59	2.38	2.25	2.16	2.09	2.04	2.00	1.96	1.94	1.89	1.84	1.79	1.77	1.74	1.71	1.68	1.64	1.61
21	2.96	2.57	2.36	2.23	2.14	2.08	2.02	1.98	1.95	1.92	1.87	1.83	1.78	1.75	1.72	1.69	1.66	1.62	1.59
22	2.95	2.56	2.35	2.22	2.13	2.06	2.01	1.97	1.93	1.90	1.86	1.81	1.76	1.73	1.70	1.67	1.64	1.60	1.57
23	2.94	2.55	2.34	2.21	2.11	2.05	1.99	1.95	1.92	1.89	1.84	1.80	1.74	1.72	1.69	1.66	1.62	1.59	1.55
24	2.93	2.54	2.33	2.19	2.10	2.04	1.98	1.94	1.91	1.88	1.83	1.78	1.73	1.70	1.67	1.64	1.61	1.57	1.53
25	2.92	2.53	2.32	2.18	2.09	2.02	1.97	1.93	1.89	1.87	1.82	1.77	1.72	1.69	1.66	1.63	1.59	1.56	1.52
26	2.91	2.52	2.31	2.17	2.08	2.01	1.96	1.92	1.88	1.86	1.81	1.76	1.71	1.68	1.65	1.61	1.58	1.54	1.50
27	2.90	2.51	2.30	2.17	2.07	2.00	1.95	1.91	1.87	1.85	1.80	1.75	1.70	1.67	1.64	1.60	1.57	1.53	1.49
28	2.89	2.50	2.29	2.16	2.06	2.00	1.94	1.90	1.87	1.84	1.79	1.74	1.69	1.66	1.63	1.59	1.56	1.52	1.48
29	2.89	2.50	2.28	2.15	2.06	1.99	1.93	1.89	1.86	1.83	1.78	1.73	1.68	1.65	1.62	1.58	1.55	1.51	1.47
30	2.88	2.49	2.28	2.14	2.05	1.98	1.93	1.88	1.85	1.82	1.77	1.72	1.67	1.64	1.61	1.57	1.54	1.50	1.46
40	2.84	2.44	2.23	2.09	2.00	1.93	1.87	1.83	1.79	1.76	1.71	1.66	1.61	1.57	1.54	1.51	1.47	1.42	1.38
60	2.79	2.39	2.18	2.04	1.95	1.87	1.82	1.77	1.74	1.71	1.66	1.60	1.54	1.51	1.48	1.44	1.40	1.35	1.29
120	2.75	2.35	2.13	1.99	1.90	1.82	1.77	1.72	1.68	1.65	1.60	1.55	1.48	1.45	1.41	1.37	1.32	1.26	1.19
∞	2.71	2.30	2.08	1.94	1.85	1.77	1.72	1.67	1.63	1.60	1.55	1.49	1.42	1.38	1.34	1.30	1.24	1.17	1.00

$\alpha=0.05$

n_2 \ n_1	1	2	3	4	5	6	7	8	9	10	12	15	20	24	30	40	60	120	∞
1	161.45	199.50	215.71	224.58	230.16	233.99	236.77	238.88	240.54	241.88	243.91	245.95	248.01	249.05	250.10	251.14	252.20	253.25	254.31

（续）

n_2 \ n_1	1	2	3	4	5	6	7	8	9	10	12	15	20	24	30	40	60	120	∞
2	18.51	19.00	19.16	19.25	19.30	19.33	19.35	19.37	19.38	19.40	19.41	19.43	19.45	19.45	19.46	19.47	19.48	19.49	19.50
3	10.13	9.55	9.28	9.12	9.01	8.94	8.89	8.85	8.81	8.79	8.74	8.70	8.66	8.64	8.62	8.59	8.57	8.55	8.53
4	7.71	6.94	6.59	6.39	6.26	6.16	6.09	6.04	6.00	5.96	5.91	5.86	5.80	5.77	5.75	5.72	5.69	5.66	5.63
5	6.61	5.79	5.41	5.19	5.05	4.95	4.88	4.82	4.77	4.74	4.68	4.62	4.56	4.53	4.50	4.46	4.43	4.40	4.36
6	5.99	5.14	4.76	4.53	4.39	4.28	4.21	4.15	4.10	4.06	4.00	3.94	3.87	3.84	3.81	3.77	3.74	3.70	3.67
7	5.59	4.74	4.35	4.12	3.97	3.87	3.79	3.73	3.68	3.64	3.57	3.51	3.44	3.41	3.38	3.34	3.30	3.27	3.23
8	5.32	4.46	4.07	3.84	3.69	3.58	3.50	3.44	3.39	3.35	3.28	3.22	3.15	3.12	3.08	3.04	3.01	2.97	2.93
9	5.12	4.26	3.86	3.63	3.48	3.37	3.29	3.23	3.18	3.14	3.07	3.01	2.94	2.90	2.86	2.83	2.79	2.75	2.71
10	4.96	4.10	3.71	3.48	3.33	3.22	3.14	3.07	3.02	2.98	2.91	2.85	2.77	2.74	2.70	2.66	2.62	2.58	2.54
11	4.84	3.98	3.59	3.36	3.20	3.09	3.01	2.95	2.90	2.85	2.79	2.72	2.65	2.61	2.57	2.53	2.49	2.45	2.40
12	4.75	3.89	3.49	3.26	3.11	3.00	2.91	2.85	2.80	2.75	2.69	2.62	2.54	2.51	2.47	2.43	2.38	2.34	2.30
13	4.67	3.81	3.41	3.18	3.03	2.92	2.83	2.77	2.71	2.67	2.60	2.53	2.46	2.42	2.38	2.34	2.30	2.25	2.21
14	4.60	3.74	3.34	3.11	2.96	2.85	2.76	2.70	2.65	2.60	2.53	2.46	2.39	2.35	2.31	2.27	2.22	2.18	2.13
15	4.54	3.68	3.29	3.06	2.90	2.79	2.71	2.64	2.59	2.54	2.48	2.40	2.33	2.29	2.25	2.20	2.16	2.11	2.07
16	4.49	3.63	3.24	3.01	2.85	2.74	2.66	2.59	2.54	2.49	2.42	2.35	2.28	2.24	2.19	2.15	2.11	2.06	2.01
17	4.45	3.59	3.20	2.96	2.81	2.70	2.61	2.55	2.49	2.45	2.38	2.31	2.23	2.19	2.15	2.10	2.06	2.01	1.96
18	4.41	3.55	3.16	2.93	2.77	2.66	2.58	2.51	2.46	2.41	2.34	2.27	2.19	2.15	2.11	2.06	2.02	1.97	1.92
19	4.38	3.52	3.13	2.90	2.74	2.63	2.54	2.48	2.42	2.38	2.31	2.23	2.16	2.11	2.07	2.03	1.98	1.93	1.88
20	4.35	3.49	3.10	2.87	2.71	2.60	2.51	2.45	2.39	2.35	2.28	2.20	2.12	2.08	2.04	1.99	1.95	1.90	1.84
21	4.32	3.47	3.07	2.84	2.68	2.57	2.49	2.42	2.37	2.32	2.25	2.18	2.10	2.05	2.01	1.96	1.92	1.87	1.81

（续）

n_2 \ n_1	1	2	3	4	5	6	7	8	9	10	12	15	20	24	30	40	60	120	∞
22	4.30	3.44	3.05	2.82	2.66	2.55	2.46	2.40	2.34	2.30	2.23	2.15	2.07	2.03	1.98	1.94	1.89	1.84	1.78
23	4.28	3.42	3.03	2.80	2.64	2.53	2.44	2.37	2.32	2.27	2.20	2.13	2.05	2.01	1.96	1.91	1.86	1.81	1.76
24	4.26	3.40	3.01	2.78	2.62	2.51	2.42	2.36	2.30	2.25	2.18	2.11	2.03	1.98	1.94	1.89	1.84	1.79	1.73
25	4.24	3.39	2.99	2.76	2.60	2.49	2.40	2.34	2.28	2.24	2.16	2.09	2.01	1.96	1.92	1.87	1.82	1.77	1.71
26	4.23	3.37	2.98	2.74	2.59	2.47	2.39	2.32	2.27	2.22	2.15	2.07	1.99	1.95	1.90	1.85	1.80	1.75	1.69
27	4.21	3.35	2.96	2.73	2.57	2.46	2.37	2.31	2.25	2.20	2.13	2.06	1.97	1.93	1.88	1.84	1.79	1.73	1.67
28	4.20	3.34	2.95	2.71	2.56	2.45	2.36	2.29	2.24	2.19	2.12	2.04	1.96	1.91	1.87	1.82	1.77	1.71	1.65
29	4.18	3.33	2.93	2.70	2.55	2.43	2.35	2.28	2.22	2.18	2.10	2.03	1.94	1.90	1.85	1.81	1.75	1.70	1.64
30	4.17	3.32	2.92	2.69	2.53	2.42	2.33	2.27	2.21	2.16	2.09	2.01	1.93	1.89	1.84	1.79	1.74	1.68	1.62
40	4.08	3.23	2.84	2.61	2.45	2.34	2.25	2.18	2.12	2.08	2.00	1.92	1.84	1.79	1.74	1.69	1.64	1.58	1.51
60	4.00	3.15	2.76	2.53	2.37	2.25	2.17	2.10	2.04	1.99	1.92	1.84	1.75	1.70	1.65	1.59	1.53	1.47	1.39
120	3.92	3.07	2.68	2.45	2.29	2.18	2.09	2.02	1.96	1.91	1.83	1.75	1.66	1.61	1.55	1.50	1.43	1.35	1.25
∞	3.84	3.00	2.60	2.37	2.21	2.10	2.01	1.94	1.88	1.83	1.75	1.67	1.57	1.52	1.46	1.39	1.32	1.22	1.00

$\alpha = 0.025$

n_2 \ n_1	1	2	3	4	5	6	7	8	9	10	12	15	20	24	30	40	60	120	∞
1	647.79	799.50	864.16	899.58	921.85	937.11	948.22	956.66	963.28	968.63	976.71	984.87	993.10	997.25	1001.41	1005.60	1009.80	1014.02	1018.26
2	38.51	39.00	39.17	39.25	39.30	39.33	39.36	39.37	39.39	39.40	39.41	39.43	39.45	39.46	39.46	39.47	39.48	39.49	39.50
3	17.44	16.04	15.44	15.10	14.88	14.73	14.62	14.54	14.47	14.42	14.34	14.25	14.17	14.12	14.08	14.04	13.99	13.95	13.90
4	12.22	10.65	9.98	9.60	9.36	9.20	9.07	8.98	8.90	8.84	8.75	8.66	8.56	8.51	8.46	8.41	8.36	8.31	8.26
5	10.01	8.43	7.76	7.39	7.15	6.98	6.85	6.76	6.68	6.62	6.52	6.43	6.33	6.28	6.23	6.13	6.12	6.07	6.02

（续）

n_2 \ n_1	1	2	3	4	5	6	7	8	9	10	12	15	20	24	30	40	60	120	∞
6	8.81	7.26	6.60	6.23	5.99	5.82	5.70	5.60	5.52	5.46	5.37	5.27	5.17	5.12	5.07	5.01	4.96	4.90	4.85
7	8.07	6.54	5.89	5.52	5.29	5.12	4.99	4.90	4.82	4.76	4.67	4.57	4.47	4.41	4.36	4.31	4.25	4.20	4.14
8	7.57	6.06	5.42	5.05	4.82	4.65	4.53	4.43	4.36	4.30	4.20	4.10	4.00	3.95	3.89	3.84	3.78	3.73	3.67
9	7.21	5.71	5.08	4.72	4.48	4.32	4.20	4.10	4.03	3.96	3.87	3.77	3.67	3.61	3.56	3.51	3.45	3.39	3.33
10	6.94	5.46	4.83	4.47	4.24	4.07	3.95	3.85	3.78	3.72	3.62	3.52	3.42	3.37	3.31	3.26	3.20	3.14	3.08
11	6.72	5.26	4.63	4.28	4.04	3.88	3.76	3.66	3.59	3.53	3.43	3.33	3.23	3.17	3.12	3.06	3.00	2.94	2.88
12	6.55	5.10	4.47	4.12	3.89	3.73	3.61	3.51	3.44	3.37	3.28	3.18	3.07	3.02	2.96	2.91	2.85	2.79	2.72
13	6.41	4.97	4.35	4.00	3.77	3.60	3.48	3.39	3.31	3.25	3.15	3.05	2.95	2.89	2.84	2.78	2.72	2.66	2.60
14	6.30	4.86	4.24	3.89	3.66	3.50	3.38	3.29	3.21	3.15	3.05	2.95	2.84	2.79	2.73	2.67	2.61	2.55	2.49
15	6.20	4.77	4.15	3.80	3.58	3.41	3.29	3.20	3.12	3.06	2.96	2.86	2.76	2.70	2.64	2.59	2.52	2.46	2.40
16	6.12	4.69	4.08	3.73	3.50	3.34	3.22	3.12	3.05	2.99	2.89	2.79	2.68	2.63	2.57	2.51	2.45	2.38	2.32
17	6.04	4.62	4.01	3.66	3.44	3.28	3.16	3.06	2.98	2.92	2.82	2.72	2.62	2.56	2.50	2.44	2.38	2.32	2.25
18	5.98	4.56	3.95	3.61	3.38	3.22	3.10	3.01	2.93	2.87	2.77	2.67	2.56	2.50	2.44	2.38	2.32	2.26	2.19
19	5.92	4.51	3.90	3.56	3.33	3.17	3.05	2.96	2.88	2.82	2.72	2.62	2.51	2.45	2.39	2.33	2.27	2.20	2.13
20	5.87	4.46	3.86	3.51	3.29	3.13	3.01	2.91	2.84	2.77	2.68	2.57	2.46	2.41	2.35	2.29	2.22	2.16	2.09
21	5.83	4.42	3.82	3.48	3.25	3.09	2.97	2.87	2.80	2.73	2.64	2.53	2.42	2.37	2.31	2.25	2.18	2.11	2.04
22	5.79	4.38	3.78	3.44	3.22	3.05	2.93	2.84	2.76	2.70	2.60	2.50	2.39	2.33	2.27	2.21	2.14	2.08	2.00
23	5.75	4.35	3.75	3.41	3.18	3.02	2.90	2.81	2.73	2.67	2.57	2.47	2.36	2.30	2.24	2.18	2.11	2.04	1.97
24	5.72	4.32	3.72	3.38	3.15	2.99	2.87	2.78	2.70	2.64	2.54	2.44	2.33	2.27	2.21	2.15	2.08	2.01	1.94
25	5.69	4.29	3.69	3.35	3.13	2.97	2.85	2.75	2.68	2.61	2.51	2.41	2.30	2.24	2.18	2.12	2.05	1.98	1.91
26	5.66	4.27	3.67	3.33	3.10	2.94	2.82	2.73	2.65	2.59	2.49	2.39	2.28	2.22	2.16	2.09	2.03	1.95	1.88
27	5.63	4.24	3.65	3.31	3.08	2.92	2.80	2.71	2.63	2.57	2.47	2.36	2.25	2.19	2.13	2.07	2.00	1.93	1.85
28	5.61	4.22	3.63	3.29	3.06	2.90	2.78	2.69	2.61	2.55	2.45	2.34	2.23	2.17	2.11	2.05	1.98	1.91	1.83

（续）

n_2 \ n_1	1	2	3	4	5	6	7	8	9	10	12	15	20	24	30	40	60	120	∞
29	5.59	4.20	3.61	3.27	3.04	2.88	2.76	2.67	2.59	2.53	2.43	2.32	2.21	2.15	2.09	2.03	1.96	1.89	1.81
30	5.57	4.18	3.59	3.25	3.03	2.87	2.75	2.65	2.57	2.51	2.41	2.31	2.20	2.14	2.07	2.01	1.94	1.87	1.79
40	5.42	4.05	3.46	3.13	2.90	2.74	2.62	2.53	2.45	2.39	2.29	2.18	2.07	2.01	1.94	1.88	1.80	1.72	1.64
60	5.29	3.93	3.34	3.01	2.79	2.63	2.51	2.41	2.33	2.27	2.17	2.06	1.94	1.88	1.82	1.74	1.67	1.58	1.48
120	5.15	3.80	3.23	2.89	2.67	2.52	2.39	2.30	2.22	2.16	2.05	1.94	1.82	1.76	1.69	1.61	1.53	1.43	1.31
∞	5.02	3.69	3.12	2.79	2.57	2.41	2.29	2.19	2.11	2.05	1.94	1.83	1.71	1.64	1.57	1.43	1.39	1.27	1.00

$\alpha = 0.001$

n_2 \ n_1	1	2	3	4	5	6	7	8	9	10	12	15	20	24	30	40	60	120	∞
1	4052	5000	5403	5625	5764	5859	5928	5981	6022	6056	6106	6157	6209	6235	6261	6287	6313	6339	6366
2	98.50	99.00	99.17	99.25	99.30	99.33	99.36	99.37	99.39	99.40	99.42	99.43	99.45	99.46	99.47	99.47	99.48	99.49	99.50
3	34.12	30.82	29.46	28.71	28.24	27.91	27.67	27.49	27.35	27.23	27.05	26.87	26.69	26.60	26.50	26.41	26.32	26.22	26.13
4	21.20	18.00	16.69	15.98	15.52	15.21	14.98	14.80	14.66	14.55	14.37	14.20	14.02	13.93	13.84	13.75	13.65	13.56	13.46
5	16.26	13.27	12.06	11.39	10.97	10.67	10.46	10.29	10.16	10.05	9.89	9.72	9.55	9.47	9.38	9.29	9.20	9.11	9.02
6	13.75	10.92	9.78	9.15	8.75	8.47	8.26	8.10	7.98	7.87	7.72	7.56	7.40	7.31	7.23	7.14	7.06	6.97	6.88
7	12.25	9.55	8.45	7.85	7.46	7.19	6.99	6.84	6.72	6.62	6.47	6.31	6.16	6.07	5.99	5.91	5.82	5.74	5.65
8	11.26	8.65	7.59	7.01	6.63	6.37	6.18	6.03	5.91	5.81	5.67	5.52	5.36	5.28	5.20	5.12	5.03	4.95	4.86
9	10.56	8.02	6.99	6.42	6.06	5.80	5.61	5.47	5.35	5.26	5.11	4.96	4.81	4.73	4.65	4.57	4.48	4.40	4.31
10	10.04	7.56	6.55	5.99	5.64	5.39	5.20	5.06	4.94	4.85	4.71	4.56	4.41	4.33	4.25	4.17	4.08	4.00	3.91
11	9.65	7.21	6.22	5.67	5.32	5.07	4.89	4.74	4.63	4.54	4.40	4.25	4.10	4.02	3.94	3.86	3.78	3.69	3.60
12	9.33	6.93	5.95	5.41	5.06	4.82	4.64	4.50	4.39	4.30	4.16	4.01	3.86	3.78	3.70	3.62	3.54	3.45	3.36
13	9.07	6.70	5.74	5.21	4.86	4.62	4.44	4.30	4.19	4.10	3.96	3.82	3.66	3.59	3.51	3.43	3.34	3.25	3.17
14	8.86	6.51	5.56	5.04	4.69	4.46	4.28	4.14	4.03	3.94	3.80	3.66	3.51	3.43	3.35	3.27	3.18	3.09	3.00

（续）

n_2 \ n_1	1	2	3	4	5	6	7	8	9	10	12	15	20	24	30	40	60	120	∞
15	8.68	6.36	5.42	4.89	4.56	4.32	4.14	4.00	3.89	3.80	3.67	3.52	3.37	3.29	3.21	3.13	3.05	2.96	2.87
16	8.53	6.23	5.29	4.77	4.44	4.20	4.03	3.89	3.78	3.69	3.55	3.41	3.26	3.18	3.10	3.02	2.93	2.84	2.75
17	8.40	6.11	5.18	4.67	4.34	4.10	3.93	3.79	3.68	3.59	3.46	3.31	3.16	3.08	3.00	2.92	2.83	2.75	2.65
18	8.29	6.01	5.09	4.58	4.25	4.01	3.84	3.71	3.60	3.51	3.37	3.23	3.08	3.00	2.92	2.84	2.75	2.66	2.57
19	8.18	5.93	5.01	4.50	4.17	3.94	3.77	3.63	3.52	3.43	3.30	3.15	3.00	2.92	2.84	2.76	2.67	2.58	2.49
20	8.10	5.85	4.94	4.43	4.10	3.87	3.70	3.56	3.46	3.37	3.23	3.09	2.94	2.86	2.78	2.69	2.61	2.52	2.42
21	8.02	5.78	4.87	4.37	4.04	3.81	3.64	3.51	3.40	3.31	3.17	3.03	2.88	2.80	2.72	2.64	2.55	2.46	2.36
22	7.95	5.72	4.82	4.31	3.99	3.76	3.59	3.45	3.35	3.26	3.12	2.98	2.83	2.75	2.67	2.58	2.50	2.40	2.31
23	7.88	5.66	4.76	4.26	3.94	3.71	3.54	3.41	3.30	3.21	3.07	2.93	2.78	2.70	2.62	2.54	2.45	2.35	2.26
24	7.82	5.61	4.72	4.22	3.90	3.67	3.50	3.36	3.26	3.17	3.03	2.89	2.74	2.66	2.58	2.49	2.40	2.31	2.21
25	7.77	5.57	4.68	4.18	3.85	3.63	3.46	3.32	3.22	3.13	2.99	2.85	2.70	2.62	2.54	2.45	2.36	2.27	2.17
26	7.72	5.53	4.64	4.14	3.82	3.59	3.42	3.29	3.18	3.09	2.96	2.81	2.66	2.58	2.50	2.42	2.33	2.23	2.13
27	7.68	5.49	4.60	4.11	3.78	3.56	3.39	3.26	3.15	3.06	2.93	2.78	2.63	2.55	2.47	2.38	2.29	2.20	2.10
28	7.64	5.45	4.57	4.07	3.75	3.53	3.36	3.23	3.12	3.03	2.90	2.75	2.60	2.52	2.44	2.35	2.26	2.17	2.06
29	7.60	5.42	4.54	4.04	3.73	3.50	3.33	3.20	3.09	3.00	2.87	2.73	2.57	2.49	2.41	2.33	2.23	2.14	2.03
30	7.56	5.39	4.51	4.02	3.70	3.47	3.30	3.17	3.07	2.98	2.84	2.70	2.55	2.47	2.39	2.30	2.21	2.11	2.01
40	7.31	5.18	4.31	3.83	3.51	3.29	3.12	2.99	2.89	2.80	2.66	2.52	2.37	2.29	2.20	2.11	2.02	1.92	1.80
60	7.08	4.98	4.13	3.65	3.34	3.12	2.95	2.82	2.72	2.63	2.50	2.35	2.20	2.12	2.03	1.94	1.84	1.73	1.60
120	6.85	4.79	3.95	3.48	3.17	2.96	2.79	2.66	2.56	2.47	2.34	2.19	2.03	1.95	1.86	1.76	1.66	1.53	1.38
∞	6.63	4.61	3.78	3.32	3.02	2.80	2.64	2.51	2.41	2.32	2.18	2.04	1.88	1.79	1.70	1.59	1.47	1.32	1.00

参考文献

[1] 同济大学数学系. 工程数学：线性代数 [M]. 5版. 北京：高等教育出版社，2007.

[2] 盛骤，谢式千，潘承毅. 概率论与数理统计 [M]. 4版. 北京：高等教育出版社，2010.

[3] 阚兴莉，贺勇. 概率论与数理统计 [M]. 武汉：华中科技大学出版社，2009.